給STEAM的 14個酷點子

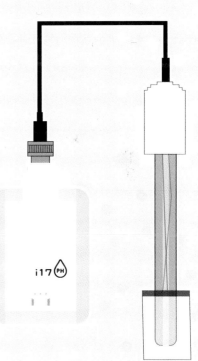

前言

給小朋友的話

　　各位小朋友，我們生活周遭有許多有趣的人事物。張大眼睛觀察，有許多電器與自動裝置，它們是如何運作的呢？為什麼按鈕可以開燈與關燈呢？為什麼旋鈕可以調整電風扇的風速呢？為什麼站在自動門前面，門就會打開呢？這些原理值得我們好好研究。

　　另外，我們還會教你如何進行科學實驗來量測水溶液的酸鹼度、土壤的溼度與酸鹼程度，甚至還能判斷某個東西是否能夠導電。這些實驗會讓你更細心更具備科學精神，你就是小小科學家喔！

給家長的話

　　各位家長您好，我們是 CAVEDU 教育團隊。本書將以趣味互動與科學實驗兩大主軸，帶領您的孩子完成許多有趣的專題，進而理解互動裝置與科學實驗的原理。諸多科學原理，只要體驗過一次就會有深刻的記憶，效果遠比傳統的背誦記憶來得更好，我們正是以此精神來完成本書。

　　目前政府大力推動基礎程式教育，目標是讓孩子們具備基礎的運算思維（Computational thinking）能力，能對這個快速變動的環境有更多的好奇心與觀察力。根據美國麻省理工學院媒體實驗室終身幼兒園小組的 Mitchel Resnick 教授表示，幼兒時期可說是我們一生中最具創造力的時候，因此他致力於讓大家都能成為創意思考家（Creative Thinker）。您回想，世界上各國都主推幼兒的程式教育，從 Scratch、App Inventor、Lego EV3/Wedo 到 micro:bit MakeCode 等圖形化程式在全世界都蔚為風潮，即可知這的確是目前最受關注的話題。

不過本書並非程式教學書，我們反其道而行：把「寫程式」拿掉了，讓孩子使用簡易的電子套件直接理解感測（輸入）與動作（輸出）之間的關係並如何以電路的方式來完成有趣的專題。例如第三章的小夜燈，就使用了動作感測器來開燈，這與家中廁所的感應燈原理是一樣的。又如第十章的水溶液導電性實驗中，小朋友透過實驗主軸：「導電性愈高，LED 愈亮」，就能理解導電性對於電路的重要性。期待您與孩子們共同完成本書所有專題，並以此延伸出更多有趣的應用。

註：本團隊創辦人之一曾吉弘老師於 2018 年赴 MIT 擔任訪問學者時，就參與 Scratch 3.0 與 Learning Creative Learning 課程的內容審閱，目標也是希望把更多優質內容帶回台灣。曾老師訪問 Resnick 教授的影片連結：https://youtu.be/XblVdAt9DU4

本書架構

本書分成兩大主軸：趣味互動與科學實驗，要和大家介紹如何使用 BOSON 電子模組來製作各種有趣的互動專題與科學實驗。

前半部「趣味互動」將告訴小朋友如何運用 BOSON 模組來製作生活中常見的自動機器裝置，包含自動門、小夜燈、摩天輪與遊園小火車等等。這裡會運用光、聲音等感測器來控制燈泡、馬達，還會使用樂高積木來做出許多有趣的造型。每一個專題都很有趣，一定要做做看喔！

後半部「科學實驗」則是帶領小朋友運用 BOSON 模組進行有趣的化學實驗，有測量導電性、酸鹼中和以及土壤溼度偵測等等。你會知道如何運用正確的感測器來測量這個有趣的世界，也知道實驗過程中要注意哪些地方才能讓實驗結果更精準。期待小朋友能從中找到喜歡的主題，進入有趣的科學世界。

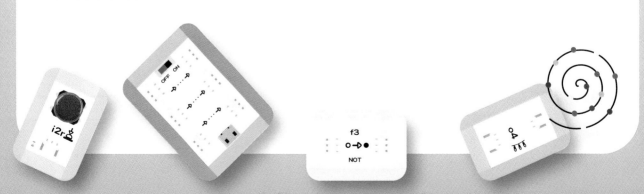

CAVEDU 教育團隊簡介

http://www.cavedu.com

CAVEDU，帶您從 0 到 0.1 ！

　　CAVEDU 教育團隊是由一群對教育充滿熱情的大孩子所組成的科學教育團隊，積極推動國內之機器人教育，業務內容包含技術研發、出版書籍、研習培訓與設備販售。

　　團隊宗旨在於以讓所有有心學習的朋友皆能取得優質的服務與課程。本團隊已出版多本樂高機器人、Arduino、Raspberry Pi 與物聯網等相關書籍，並定期舉辦研習會與新知發表，期望帶給大家更豐富與多元的學習內容。

CAVEDU 全系列網站

課程介紹
COURSE
課程介紹

技術研究
LAB
研究專題

系列叢書
BOOK
系列叢書

活動預告
EVENT
活動快報

目錄

認識 BOSON ！
快快樂樂認識周遭的世界

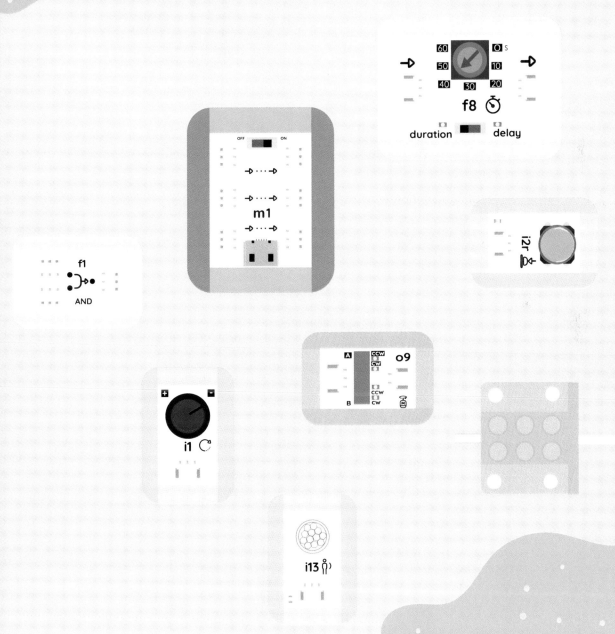

認識 BOSON！
快快樂樂認識周遭的世界

什麼是 BOSON？

　　BOSON 是由 DFROBOT 公司所推出的一套電子教學套件，它不需要寫程式就能做出各種有趣的互動專題，用電線連接就能讓它動起來，讓我們先來瞭解一下它的構造吧！

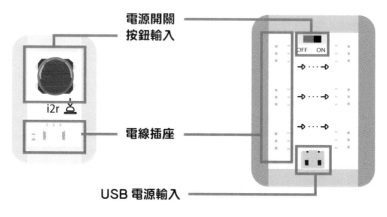

BOSON 外部構造

　　小朋友，你有發現嗎？不同顏色的 BOSON，它的樣子是不是會有些不一樣呢？沒錯，除了大小之分以外，根據顏色還可以分成以下四種不同的功能喔！

藍色（輸入）

輸入模組

紅色（主控板）

主控板

綠色（輸出）

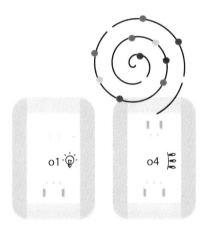

輸出模組

黃色（運算邏輯）

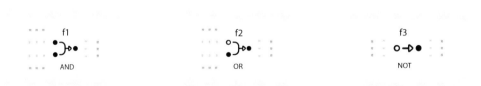

運算邏輯模組

BOSON 要怎麼使用？

認識了什麼是 BOSON 以後，你一定迫不急待想要知道怎麼使用？有哪些好玩的功能呢？那麼，就讓我們一起來學習如何使用 BOSON 吧！

1 三種顏色的模組

拿出按鈕（藍色）、主控板與電池座（紅色）、高亮度 LED（綠色）、兩條電線。

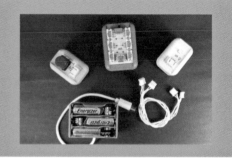

2 主控板連接電池座

把主控板與電池座連接。

3 電線連接按鈕與主控板

把按鈕放在主控板左邊，並用電線連接。

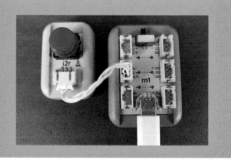

4 電線連接主控板與高亮度 LED

把高亮度 LED 放在主控板右邊，並用電線連接。

5 打開主控板上方的開關

將主控板上方的開關撥向 ON。

6 開啟 LED

按下按鈕，LED 亮起來。

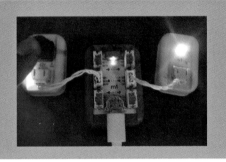

　　恭喜！你已經學會基本的 BOSON 連接方式，並且可以成功開啟高亮度 LED，這是最簡易的輸入、輸出概念，就像家裡開關電燈或是風扇一樣，按下按鈕就能開燈，你也能做到喔！

BOSON 還有哪些有趣的模組？

　　除了以上介紹的模組外，還有其它像是可以偵測到光線強弱的「光感測器」；可以 360 度轉動的「馬達模組」；甚至還有像是留聲機功能的「錄音機模組」……等等，各式各樣不同且有趣的模組。本書使用了 Inventor Kit 與 Science Kit 這兩個 BOSON 盒組，以下一併列出，讓我們一起來看看吧！

 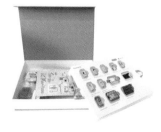

Boson 的 Inventor Kit 及 Science kit

藍色輸入模組

我們人類有眼睛、耳朵、鼻子、舌頭與皮膚來感知身邊的變化，本書中的各個專題也會使用各種感測器來讓我們可以與作品互動。包含：

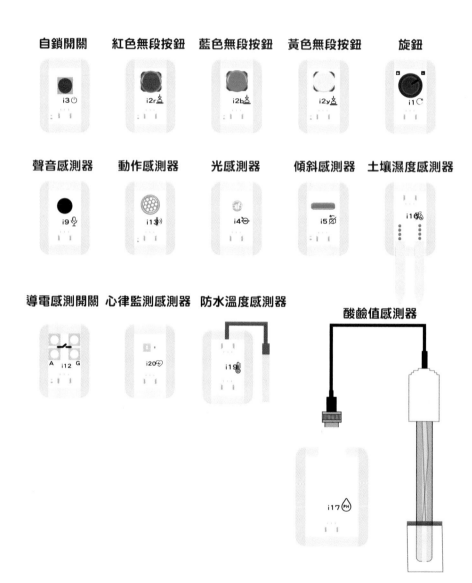

自鎖開關	紅色無段按鈕	藍色無段按鈕	黃色無段按鈕	旋鈕
i3	i2r	i2b	i2y	i1

聲音感測器	動作感測器	光感測器	傾斜感測器	土壤濕度感測器
i9	i13	i4	i5	i16

導電感測開關	心律監測感測器	防水溫度感測器	酸鹼值感測器
A i12 G	i20	i19	i17 PH

主控板

　　主控板負責把藍色輸入模組所偵測到的狀況告訴綠色輸出模組。每一個專題都會用到它喔！主控板又分成 1 組 I/O 與 3 組 I/O，差別在於可以連接多少輸入與輸出裝置。（1 組 I/O 表示可以接 1 個藍色輸入與 1 個綠色輸出）

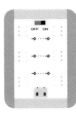

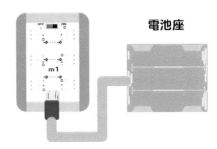

電池座

主控板
1 組輸入 / 輸出端

主控板
3 組輸入 / 輸出端

阿吉老師特別小提醒：

除了使用 Kit 裡配有的電池座外，若你有行動電源，也可以使用 BOSON 盒組裡附的 MicroUSB 線，並與主控板連接。

綠色輸出模組

　　輸出模組會產生各種動作，包含聲音、燈光或是馬達轉動，藉此做到許多有趣的效果。包含以下模組：

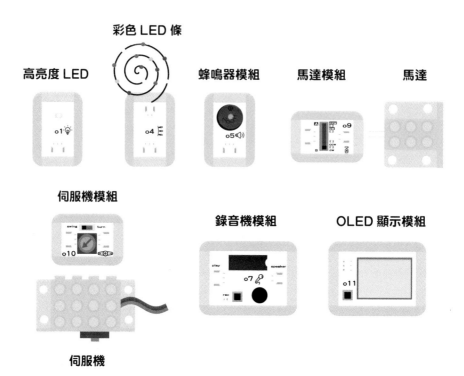

彩色 LED 條

高亮度 LED

蜂鳴器模組

馬達模組

馬達

伺服機模組

錄音機模組

OLED 顯示模組

伺服機

黃色（運算邏輯）

　　這些模組可以做到更多豐富的變化，例如用一個輸入控制兩個輸出、簡單的邏輯運算（交集 / 聯集 / 反向）等等。包含以下：

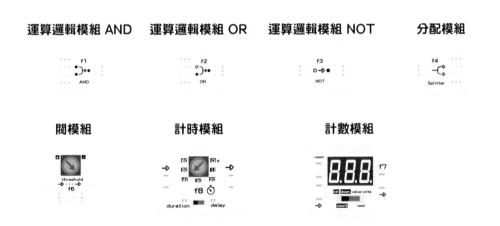

運算邏輯模組 AND	運算邏輯模組 OR	運算邏輯模組 NOT	分配模組

閥模組	計時模組	計數模組

　　另外，BOSON 套件也可以搭配擴充板來連接 Micro:bit 或是其他類型的開發板，也可以使用 Scratch 或 Make Code 等簡易圖形化程式介面來寫程式，延伸出更多有趣的互動專題喔！先前所提到的 Inventor Kit 主要會用在第二章到第八章的作品；第九章到第十四章則會使用 Science Kit，從下一章開始，我們將一起來動手做做看各式各樣有趣的作品囉！

第2章
智慧生活真的好有趣喔！
開一開、關一關，自動門動起來

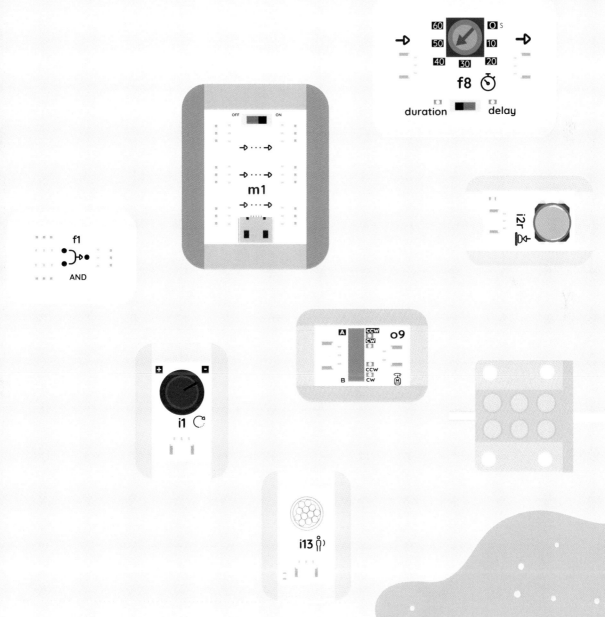

智慧生活真的好有趣喔！
開一開、關一關，自動門動起來

阿吉老師的小叮嚀：

每次去便利商店，只要站在店門口門就會自動打開，大家有沒有想過是怎麼做到的呢？只要仔細觀察，就可以發現，自動門大概有兩種類型：感應型和按鈕型。感應型自動門是使用感測器來測看看門前是否有人經過然後自動打開門，過一段時間再自動關起來。而根據感測器的類型又可以分為紅外線、超音波和微波……等；按鈕型則是會設置一個按鈕，按下去就能開門。比較高級的自動門還會有防夾裝置，避免在門關起來的時候夾傷人，也請大家仔細觀察囉！

開始前的熱身操：

1. 請爸爸、媽媽陪著你，觀察一下生活中的各種自動門，然後照相記錄下來。

2. 整理一下，自動門有哪些不同的種類呢？（提示：感應式、按鈕式還有開門的方向……等等。）

這一章需要的材料：

◎ BOSON 使用清單：

☐ 主控板 X1
☐ 動作感測器 X1
☐ 馬達模組 X1
☐ 電線 X2

◎樂高零件：請參考附錄二。

自動門運作背後的原理：

這一章的自動門，是藉著動作感測器來偵測是不是有人經過。如果有的話，就會讓馬達轉動並帶動門打開。所以，請把動作感測器接到主控板的左側輸入，接下來把馬達模組接到主控板的右側輸入，並把開關撥到 CW（順時鐘）。這樣，當我們在動作感測器的圓形突起處揮揮手時，門就會打開了！如果大家想要讓門關起來的話，就請把馬達模組上的開關撥到 CCW（逆時鐘），再次對動作感測器揮揮手，門就會關起來了。

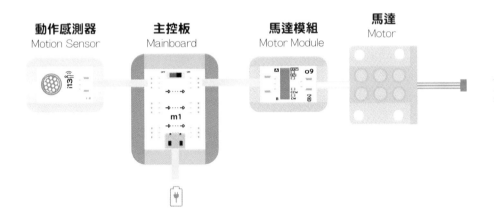

讓我們一起來動動手：

　　請大家把馬達模組上的開關撥到 A 的 CCW，然後觀察一下馬達的旋轉方向，在下圖中選出對的箭頭方向，然後塗上顏色。**（阿吉老師特別小提醒：請大家將馬達轉軸面向自己，再觀察喔！）**

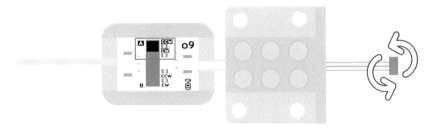

選出馬達轉動的方向

讓我們一步一步把自動門裝起來：

1 把下半部的支架裝起來

下半部的支架

2 做出齒輪機構

注意齒輪是否順利咬合，上圖為另一個角度。

3 做出升降的門板

門板可自由設計，大小適中即可。

4 把升降的門板和齒輪機構結合起來

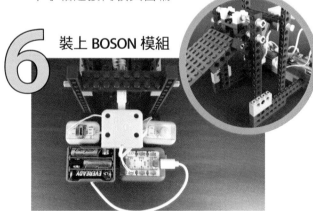

十字軸連接門板與齒輪。

5 與支架一起組裝起來

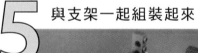

用橫桿把齒輪卡住。

6 裝上 BOSON 模組

完成囉！

讓我們一起來動動腦：

　　當門打開或是關起來的時候，我們有時候會因為沒有注意到而夾到手，這時候如果有一些警告作用的裝置，像是：燈光、聲音，也許就可以避免一些意外發生喔！

警示自動門 1

請大家加入下面的感測器，按照下圖的方式連接起來，並試試看同時啟動馬達和 LED。

分配模組：可以同時接上兩個輸出模組。這就表示說，我們可以只用一個輸入，就能夠同時控制兩個輸出。

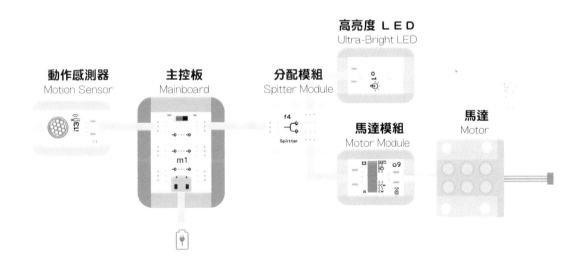

警示自動門 2

請大家加入下面的感測器，按照下圖的方式連接起來，並試著同時啟動馬達和蜂鳴器模組。

分配模組：可以同時接上兩個輸出模組。這就表示說，我們可以只用一個輸入，就能夠同時控制兩個輸出。

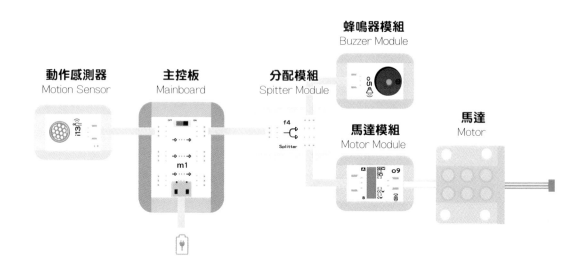

讓我們一起來觀察而且想一想：

　　請大家把下面的 BOSON 模組，寫上對的名稱並且
塗上顏色，然後畫線讓 BOSON 模組連到正確的位置上。
（輸入：藍色；主控制：紅色；輸出：綠色；運算邏輯：黃色）

1. 動作感測器控制馬達轉動

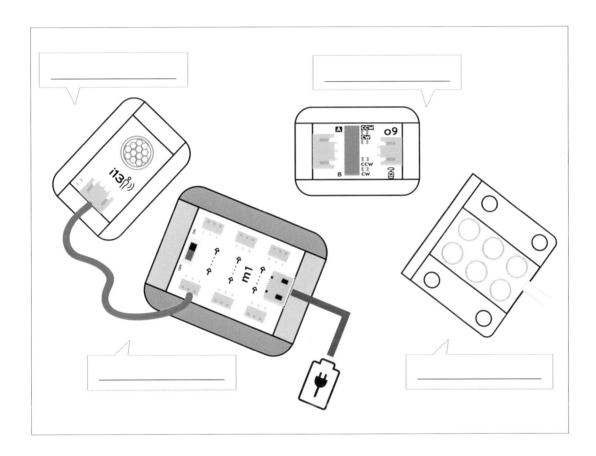

2. 警示自動門 2

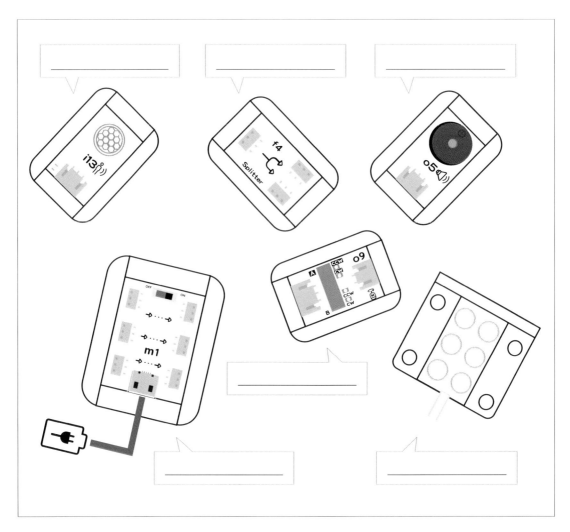

給師長、爸媽的話

　　自動門普遍見於各大便利商店，是生活中十分常見的自動控制裝置。本書第一個專題即帶領小朋友，動手做出可根據動作感測器前方是否有人經過（以揮手代替），藉此控制馬達讓自動門開啟。小朋友將首次體驗如何將輸入訊號（揮手）用於控制輸出（馬達）。

　　在此要請師長與爸媽留心，組裝樂高零件時，若不好施力而拔不下來時，請提醒小朋友千萬不可用咬的，這樣容易發生危險，並且需請您從旁協助。

第 3 章
智慧生活真的好有趣喔！
動動手，讓小檯燈可以自己亮暗

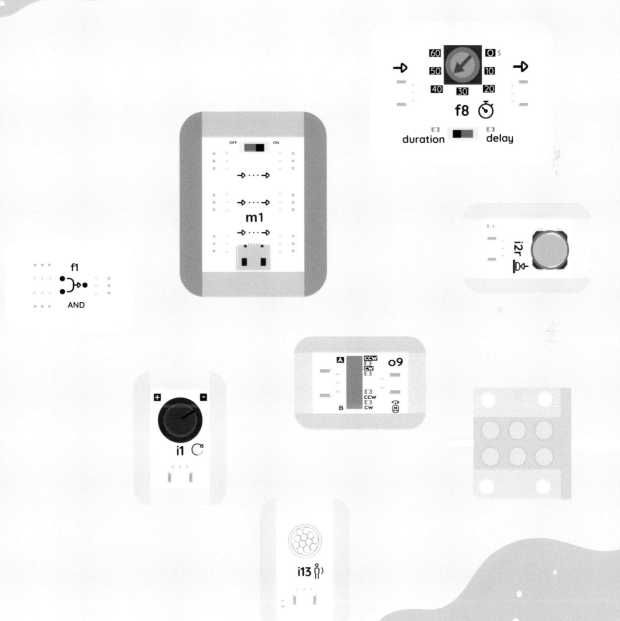

智慧生活真的好有趣喔！
動動手，讓小檯燈可以自己亮暗

阿吉老師的小叮嚀：

　　大家有沒有觀察過家裡的電燈或電器用品呢？是不是都有一個開關或一些按鈕，用來控制著不同的功能呢？這些東西我們通常叫它們「控制器」，大概有按鈕、旋鈕或是拉桿等不同的類別。大家可以試著找找看，在家裡可以看到那些不同的控制器喔。

　　本章要帶領各位小朋友做一個可愛的小檯燈，會用到 BOSON 的開關與高亮度 LED，一起來試試看吧！

開始前的熱身操：

1. 找找看，家裡或學校的電燈，有哪些不同的開關呢？

2. 請爸爸、媽媽陪你去水電行或是電子賣場走一走，看看有哪些不同類型的開關，有可能的話，看看它們的內部構造長得什麼樣子。

這一章需要的材料：

◎ **BOSON 使用清單：**
- 主控板 X1
- 自鎖開關 X1
- 高亮度 LEDX1
- 電線 X2

◎ **樂高零件：請參考附錄三。**

小檯燈運作背後的原理：

　　小檯燈的運作方式是利用「自鎖開關」來控制燈光。什麼是自鎖開關呢？它比較容易在一般我們用到的鬧鐘上看到，按一下就可以保持在開啟或是關閉的狀態。所以，當按一下開關的時候，燈光就會亮起來，相反地燈光會暗下去。接下來，就讓我們把 BOSON 模組都接起來吧！

1. 把自鎖開關接到主控板的輸入端。
2. 把高亮度 LED 接到主控板的輸出端。

　　接好以後，讓我們把電源接上主控板的 USB 接頭，然後把開關打開吧！

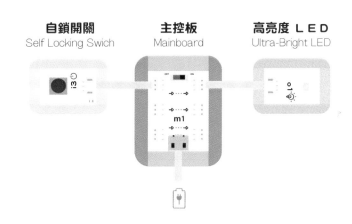

自鎖開關　　　主控板　　　高亮度 LED
Self Locking Swich　　Mainboard　　Ultra-Bright LED

讓我們一步一步把小檯燈裝起來：

1 把下半部的基座裝起來

下半部的基座

2 做出斜斜的結構，可以加一點可愛的裝飾。

斜斜的結構，功用是加強支撐力。

3 小夜燈的脖子

使用插銷和紅色橫桿延伸出去

4 做出類似四邊形的結構

可以轉動 24T 齒輪來調整角度

5 加上一個橫桿來卡住齒輪

用橫桿來卡住齒輪

6 裝上 BOSON 模組，電線不要被夾住。

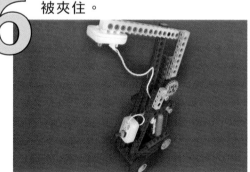

完成囉！

終於完成囉！大家可以輕輕用手轉動一下扇葉，看看齒輪有沒有轉動得很順呢？如果在組裝的步驟上，有不太了解或不太清楚的地方，可以請爸爸媽媽或老師幫忙喔！
小朋友也可以試著用手邊的材料，像是色紙、紙板或者冰棒棍，把扇葉做出來，這樣也很好玩喔！

讓我們一起來動動腦：

除了使用自鎖開關以外，另外也有一些有趣的方法，讓小檯燈使用起來更方便喔！例如，在光線不夠的時候，燈光可以自動亮起來。這時候，我們就可以使用光感測器，讓燈光在白天的時候關起來，晚上的時候亮起來。

智慧小夜燈 1
請大家加入下面的感測器，按照下圖的方式連接起來，並試著讓燈亮起來。

 運算邏輯模組 NOT：我們可以改變輸入模組的狀態。這樣就表示說，原本輸入是開啟的，會變成關閉；而相反的，原本關閉的會變成打開的。

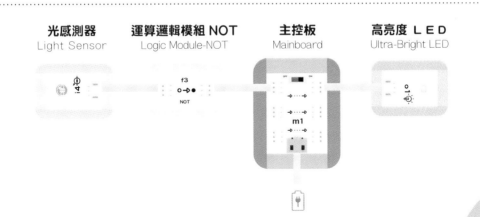

光感測器　　　　運算邏輯模組 NOT　　　主控板　　　　高亮度 LED
Light Sensor　　Logic Module-NOT　　Mainboard　　Ultra-Bright LED

智慧小夜燈 2（按下按鈕或是拉開支架）

請大家加入下面的感測器，按照下圖的方式連接起來，並試著讓燈亮
起來。

運算邏輯模組 OR：可以同時接起來兩個輸入模組。這樣就表
示說，只要其中有一個輸入開啟時，輸出就會動起來。

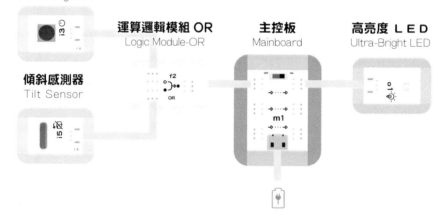

（註：可以將傾斜感測器裝在小夜燈的支架上，當我們拉開支架時，就會觸動傾斜感測器，燈也
能夠順利的打開喔！）

32

讓我們一起來觀察而且想一想：

請大家把下面的 BOSON 模組，寫上對的名稱並且塗上
顏色，然後畫線讓 BOSON 模組連接到正確的位置上。

（輸入：藍色；主控制：紅色；輸出：綠色；運算邏輯：黃色）

1. 閃爍 LED。

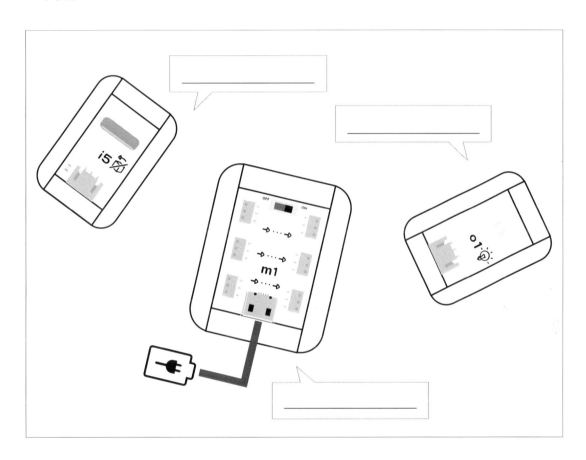

33

2. 緊急照明燈。

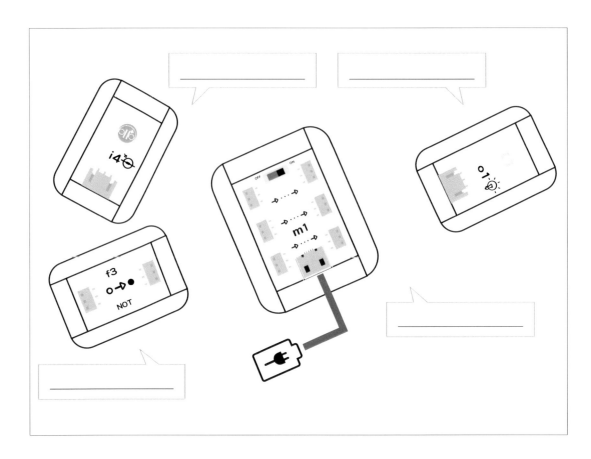

給師長、爸媽的話

本章的小檯燈，運用了自鎖開關來控制燈的亮滅，類似應用的電子用品市面上相當常見。而運用光感測器時，則搖身一變成為小夜燈，請鼓勵小朋友多多觀察生活周遭的電子用品，有哪些不同的開關方式喔！

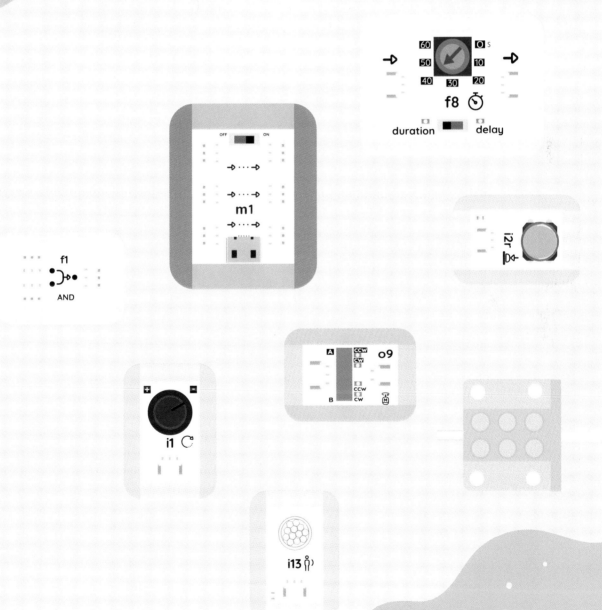

智慧生活真的好有趣喔！
動動手，讓小檯燈可以自己亮暗

阿吉老師的小叮嚀：

　　天氣越來越熱了呢！阿吉老師猜想，在夏天的時候，大家都離不開電風扇或冷氣了呢。小朋友們，那就讓我們自己做一個智慧搖頭小風扇，放在家裡或學校的書桌上，使我們自己更加涼快喔！我們可以運用 BOSON 模組的幾個零件，搭配一些樂高積木就可以做到！

　　但在開始動手做之前，阿吉老師要先問問大家，有沒有想過家裡的直立電扇為什麼只要一接上插座，按下開關就能夠轉動呢？在這一章裡面，除了要教大家怎麼用 BOSON 模組讓風扇轉動，也要給大家風扇組裝圖！讓我們一起來動手做做看吧！

開始前的熱身操：

1. 請大家回家找一找，常見的電風扇有哪一些種類呢？

2. 請爸爸媽媽陪同。如果可能的話，試試看在拔掉插頭的情況下，把直立電扇的後半部拆開，看看裡面的構造長什麼樣子。

這一章需要的材料：

◎ **BOSON 使用清單：**
☐ 主控板 X1
☐ 旋鈕 X1
☐ 馬達模組 X1
☐ 電線 X2

◎ **樂高零件：請參考附錄四。**

智慧風扇運作背後的原理：

　　讓我們使用馬達模組上面的開關，還有旋鈕來控制馬達的轉動方向和速度，而我們控制馬達的方式總共有兩種：

1. 把馬達模組撥到 CW（順時鐘）與 CCW（逆時鐘）時，可以控制馬達的轉動方向。
2. 旋鈕轉動時，可以控制馬達轉動變得比較快或是變得比較慢。

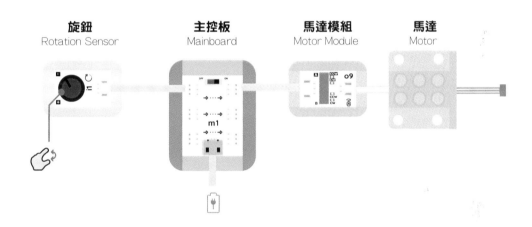

旋鈕	主控板	馬達模組	馬達
Rotation Sensor	Mainboard	Motor Module	Motor

讓我們一步一步把風扇裝起來：

1 把扇葉裝起來

裝上扇葉。

2 下半部的基座

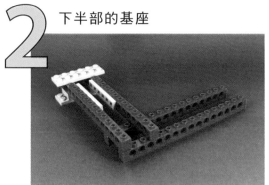

下半部基座組裝。

3 把上半部的基座裝起來

裝起來上半部的基座。

4 把齒輪機構裝起來

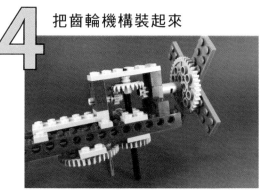

把扇葉和上半部基座結合在一起。

5 把上、下基座組合在一起

上、下基座組裝。

6 裝上 BOSON 模組

加入 BOSON 感測器並連接主控板。

終於完成囉！大家可以輕輕用手轉動一下扇葉，看看齒輪有沒有轉動得很順呢？如果在組裝的步驟上，有不太了解或不太清楚的地方，可以請爸爸媽媽或老師幫忙喔！小朋友也可以試著用手邊的材料，像是色紙、紙板或者冰棒棍，把扇葉做出來，這樣也很好玩喔！

讓我們一起來動動腦：

要怎麼樣讓風扇更聰明、省電呢？小朋友，當你離開房間的時候，是不是有忘記關過風扇呢？假如説有一種風扇，能夠在你離開的時候自動關起來，靠近的時候就自動打開，是不是很棒呢？

節能風扇 1（有人靠近並按下按鈕的時候轉動）

請大家加入下面的感測器，按照下圖的方式連接起來，並試著讓風扇轉動起來。

運算邏輯模組 AND：可以同時接起來兩個輸入模組。這表示説，當兩個輸入都打開時，輸出才會有反應。（舉個例子，當我們接上兩個無段按鈕的時候，需要按住兩個按鈕，才能讓輸出端動起來。）

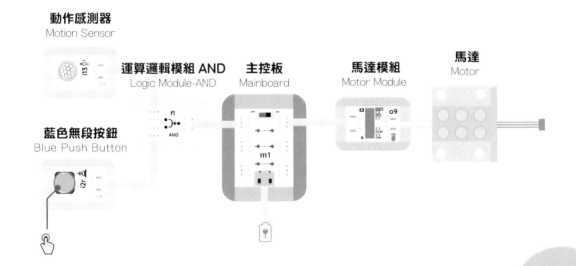

動作感測器
Motion Sensor

運算邏輯模組 AND
Logic Module-AND

主控板
Mainboard

馬達模組
Motor Module

馬達
Motor

藍色無段按鈕
Blue Push Button

節能風扇 2

請大家加入下面的感測器，按照下圖的方式連接起來，並試著讓風扇轉動起來。

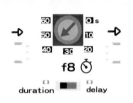

計時模組：在計時模組下方的開關可以切換兩個模式，分別是持續（duration）跟延遲（delay），上方的藍色箭頭旋鈕可以設定秒數。這表示説，當切換到「持續」時，可以讓輸出持續開啟指定的時間；切換到「延遲」時，可以讓輸出延後指定的時間再開啟。

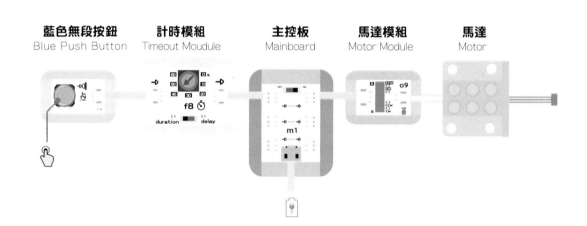

| 藍色無段按鈕 | 計時模組 | 主控板 | 馬達模組 | 馬達 |
| Blue Push Button | Timeout Moudule | Mainboard | Motor Module | Motor |

讓我們一起來觀察而且想一想：

請大家把下面的 BOSON 模組，寫上對的名稱並且塗上顏色，然後畫線讓 BOSON 模組連到正確的位置上。（輸入：藍色；主控制：紅色；輸出：綠色；運算邏輯：黃色）

1. 控制馬達速度的快或慢

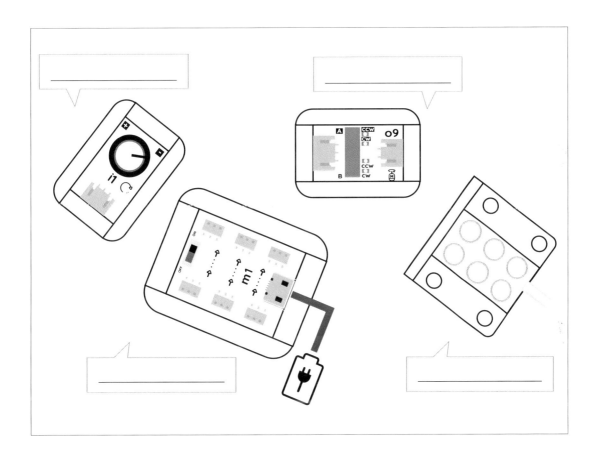

2. 靠近風扇並按下按鈕，讓風扇轉動（需要同時有兩個輸入）

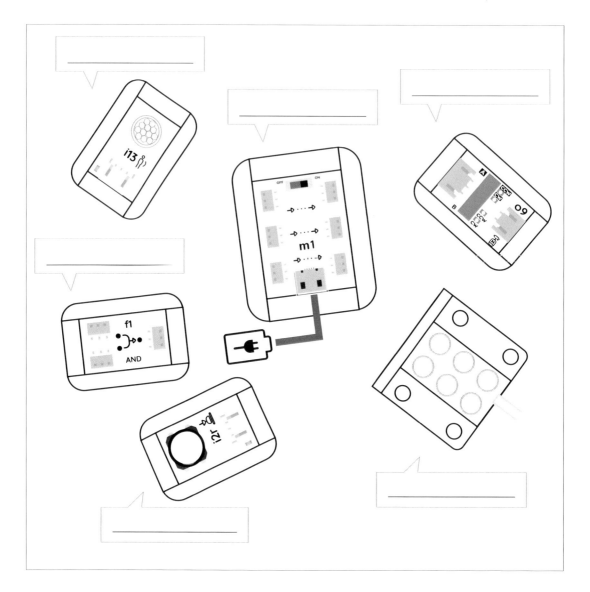

給師長、爸媽的話

本章的搖頭小風扇，可以根據馬達模組的開關位置，以及旋鈕的方向，控制馬達的轉動方向及速度。加入運算邏輯模組後，除了可讓風扇有更多的玩法外，也可讓小朋友有更多不同的創意思維。

第5章
歡樂嘉年華會
叮叮噹！自己動手設計創意的聖誕樹

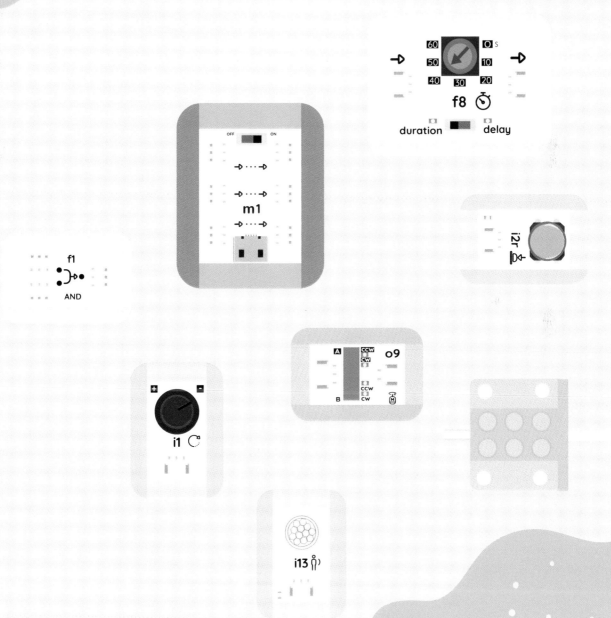

歡樂嘉年華會
叮叮噹！自己動手設計創意的聖誕樹

阿吉老師的小叮嚀：

天氣漸漸涼了，準備進入冬天之後，最令人期待的就是年底的聖誕節了，有熱鬧的街頭活動、溫馨的報佳音、好聽的聖誕歌曲、好看的聖誕卡通……等等，當然最棒的就是聖誕樹下的小禮物了。聖誕老人今年會準備什麼東西給我呢？另外，大家也可以和同學或好朋友們交換禮物，分享彼此的祝福喔！

開始前的熱身操：

1. 請大家上網查一查，有哪些樹會被當成聖誕樹呢？

2. 請大家動動腦想一想，如果你有一棵聖誕樹，你想要怎麼裝飾它呢？

這一章需要的材料：

◎ **BOSON 使用清單：**
- ☐ 主控板 X1
- ☐ 旋鈕 X1
- ☐ 光感測器 X1
- ☐ 彩色 LED 燈條 X1
- ☐ 馬達模組 X1
- ☐ 電線 X4

◎**樂高零件：請參考附錄五。**

聖誕樹運作背後的原理：

　　本章的聖誕樹，是藉由光感測器與旋鈕來分別控制燈光的亮暗與聖誕樹的旋轉速度，並配合齒輪減速機構，讓聖誕樹看起來或快或慢的，就像蝴蝶翩翩起舞一樣。本書許多專題都會用到齒輪，以改變馬達的轉速或方向，讓你的作品更有趣。

　　請大家將感測器接上主控板，並轉動旋鈕來控制馬達的速度，還能運用光感測器控制 LED 條的亮或暗。這在先前的兩個章節都介紹過了，若還是不太記得，可以先翻回去看一看。

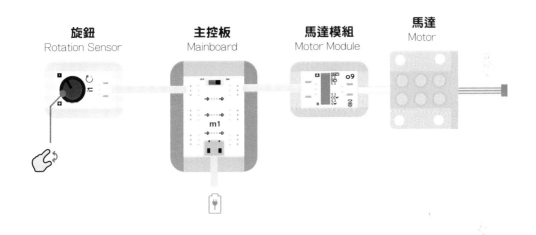

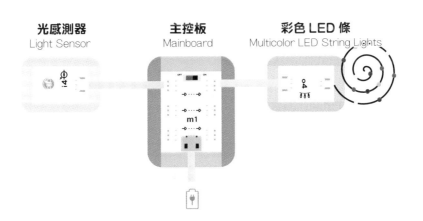

讓我們一步一步把聖誕樹組裝起來：

1 組裝聖誕樹的底座

聖誕樹的底座，可以根據手邊的零件決定大小。

2 組裝聖誕樹的支架

同樣地，如果零件足夠，可以設計更高、更大的聖誕樹。

3 加裝齒輪

讓 8 齒和 24 齒冠狀齒輪接在一起。

4 加裝 40 齒齒輪（組裝注意事項請看阿吉老師特別提醒 1）

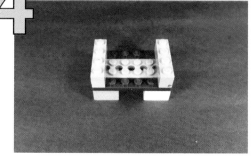

把扇葉和上半部基座結合在一起。

5 把上下基座組合在一起（組裝注意事項請看阿吉老師特別提醒 2）

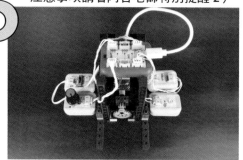

上、下基座組裝。

6 裝上 BOSON 模組（組裝注意事項請看阿吉老師特別提醒 3）

加入 BOSON 感測器並連接主控板。

阿吉老師特別小提醒：

（1）這組零件可以帶動聖誕樹旋轉，40 齒齒輪後續會和
　　　上一步的 24 齒冠狀齒輪接在一起。

使用十字軸裝上 40 齒齒輪

（2）請將馬達轉軸接上 8 齒齒輪之後，將步驟 3 和步驟 4 的物件
　　　組合在一起，主要是將 24 齒冠狀齒輪和 40 齒齒輪垂直接合。
　　　這樣一來，8 齒齒輪會依序帶動 24 齒冠狀齒輪，再帶動 40
　　　齒齒輪，聖誕樹就會慢慢轉動囉。請特別注意，齒輪要正確
　　　咬合才能順利轉動，所以大家需要細心調整喔！

組上 BOSON 後的反面圖

（3）請用色紙剪出聖誕樹的形狀，畫上美麗的圖案，親手做的創
　　　意聖誕樹就完成囉！

讓我們一起來動動腦：

　　還能加入什麼元件讓聖誕樹更豐富、有趣呢？例如，讓聖誕樹旋轉時可以唱歌；或是加入運算邏輯 AND，同時使用兩種輸入，讓聖誕樹亮燈；又或者使用計時模組，讓聖誕樹可以在 30 秒後，自動停止旋轉或亮燈…‥等等，大家一起來動動手、試試看吧！

搖滾聖誕樹！

請大家加入下面的感測器，按照下圖的方式連接起來，並試著搖晃傾斜感測器，直到燈條亮起來。看看聖誕樹能產生什麼有趣的效果。

計數模組：可以計算輸入的次數，並同時輸出。（請將計時模組開關撥到最左邊的 UP 處。）

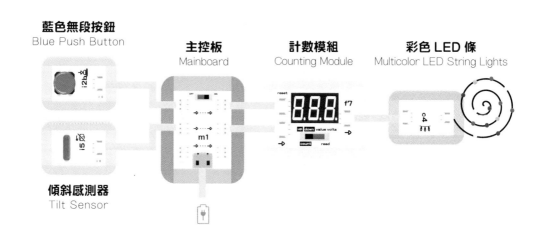

藍色無段按鈕
Blue Push Button

主控板
Mainboard

計數模組
Counting Module

彩色 LED 條
Multicolor LED String Lights

傾斜感測器
Tilt Sensor

聲控聖誕樹

請大家加入下面的感測器，按照下圖的方式連接起來，並試著讓聖誕樹的燈和馬達動起來。

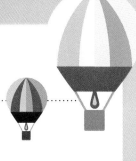

分配模組：可以同時接兩個輸出模組

聲音感測器
Sound Sensor

主控板
Mainboard

分配模組
Spitter Module

馬達模組
Motor Module

馬達
Motor

彩色 LED 條
Multicolor LED String Lights

請大家把下面的 BOSON 模組，寫上對的名稱並塗上顏色，然後畫線使 BOSON 模組連到正確的位置上。（輸入：藍色；主控制：紅色；輸出：綠色；運算邏輯：黃色）

1. 搖滾聖誕樹

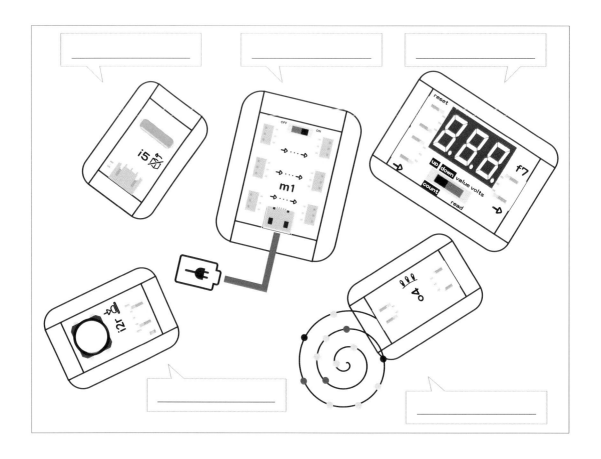

2. 聲控聖誕樹

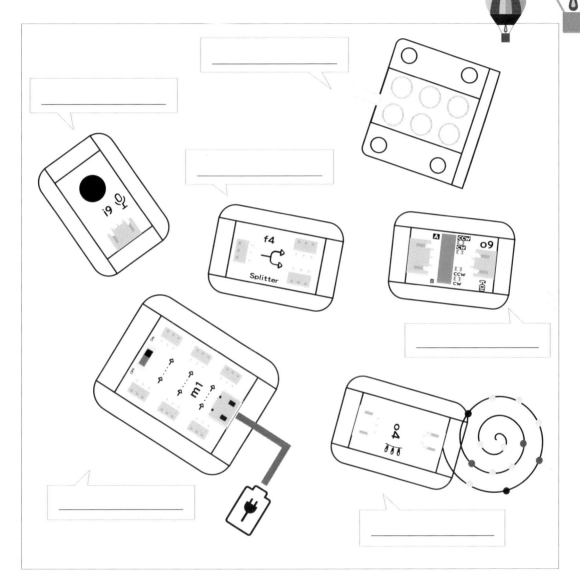

給師長、爸媽的話

　　聖誕樹是聖誕節的重要象徵之一，上面安裝了許多閃亮亮的燈飾，非常漂亮。

　　本章使用彩色 LED 條裝飾聖誕樹，並且運用光感測器、傾斜感測器來控制它。您也可以使用其它的輸入裝置，例如，旋鈕或按鈕，製做出不一樣的效果，並且可以裝飾在您的任何作品上，使作品更加華麗。

　　在結構方面，我們運用了不同大小的齒輪以降低馬達轉速，還增加了 24 齒冠狀齒輪，它可以改變馬達的轉動方向。之所以這麼做，是因有時候無法直接把馬達擺放成直的，這時候便需要冠狀齒輪了。在馬達平放的情況下，聖誕樹卻是直的轉。您更可與小朋友一同組裝並設計聖誕樹的外觀，相信會是非常難得的親子經驗。

第6章
歡樂嘉年華會
揮揮手、動一動的加油機器人

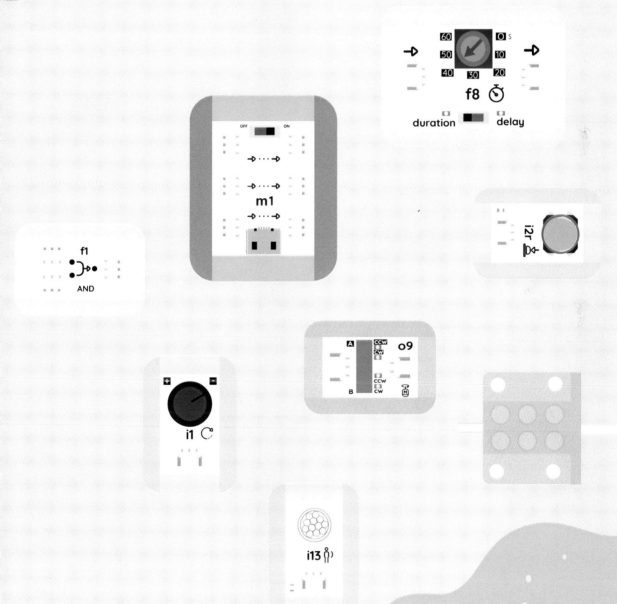

歡樂嘉年華會
揮揮手、動一動的加油機器人

阿吉老師的小叮嚀：

小朋友，機器人的英文是「robot」，但不一定真的需要兩隻腳。 一般來說，只要能夠做到某些動作（我們都希望機器人能動，對吧？），外加聲光效果的實體裝置，並且可以與人類互動，就可以稱為機器人了。

這樣說起來，小型樂高或是 Arduino 機器小車，再到大型一點的 Pepper（SoftBank 公司生產）， 或是 Asimo（Honda 公司生產），這類的人型機器人都算是機器人呢！另外，也有像是 Boston Dynamic 公司所生產的各種多足型機器人，機器人的樣式相當豐富喔！

在這一章，我們將帶大家使用動作感測器和馬達，讓機器人偵測到我們揮手之後，就會搖動加油棒，然後播放一段我們預先錄好的聲音檔來加油，一起來做做看吧！

開始前的熱身操：

1. 請大家上網找出三部以「機器人」為主題的電影。

2. 請大家回家找找看，機器人有哪些常見的移動方式呢？

這一章需要的材料：

◎ **BOSON 使用清單：**
- ☐ 主控板 X1
- ☐ 動作感測器 X1
- ☐ 分配模組 X1
- ☐ 錄音機模組 X1
- ☐ 馬達模組 X1
- ☐ 電線 X4

◎ **樂高零件：請參考附錄六。**

加油機器人運作背後的原理：

　　加油機器人運作的原理，是當動作感測器發現有東西
（例如：有人經過或是有人揮揮手），就會讓馬達轉動來帶
動加油棒，並播放我們事先錄好的聲音檔。為了要讓一個輸入動
作偵測）能夠控制兩個輸出（馬達與錄音機模組），我們用到了分配模組，
才能做到這樣的效果喔！接下來，就讓我們把 BOSON 模組都接起來吧！

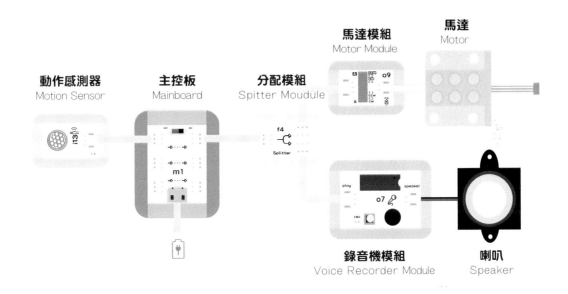

阿吉老師特別小提醒：

要怎麼錄音呢？

錄音機模組上面有一個按鈕，接上電源之後按下按鈕就會開始錄音。
請大家把錄音機模組拿靠近嘴巴一點，才會有比較好的錄音效果。講
完話之後就放開按鈕，這樣就錄好了。之後只要接上主控板，就會播
放剛剛我們錄好的聲音檔。不過請大家要注意，如果我們錄了 5 秒鐘
的聲音，那麼一但開始播放之後就一定會播完，也就是說這 5 秒之內
不論動作感測器感測到多少次都會被忽略。一定要等到 5 秒的聲音播
完之後，動作感測器再次偵測才會有作用喔。 另外一方面，錄音機模
組一次只能存放一個聲音檔，每次錄音都會把之前的檔案覆蓋過去。

讓我們一步一步把加油機器人裝起來：

1 把機器人的身體裝起來

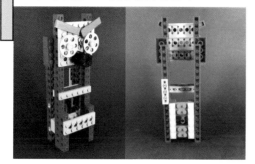

機器人身體正反面，眼睛、鼻子、眉毛可以自己設計喔！

2 齒輪機構（組裝注意事項請看阿吉老師特別提醒 1、2）

加裝驅動手臂用的齒輪，一共用到四個齒輪。

3 把帶動手臂用的十字軸起來（組裝注意事項請看阿吉老師特別提醒 3）

下半部的支架

4 把手臂裝起來

自己設計加油棒

5 和齒輪連接起來組裝下半部的支架

使用套筒和十字軸，連接橫桿 及 40T 齒輪上的插銷。

6 裝上 BOSON 模組

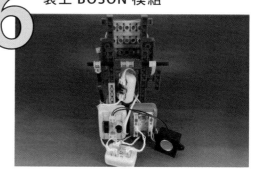

加入 BOSON 感測器並連接主控板。

阿吉老師特別小提醒：

（1）8T 齒輪帶動 40T 齒輪

（2）使用 3M 十字軸，將 24T 冠狀齒輪還有上一步的 8T 齒輪組
　　起來，再連接一個 24T 齒輪。

（3）把帶動手臂用的十字軸裝起來（機器人身體的後側）

機器人身體的後側

讓我們一起來動動腦：

　　機器人可以邊動邊喊加油，是不是很有趣呢？我們還可以用 BOSON 模組裡面的模組，做出一些更有趣的應用喔！例如：計時模組、運算邏輯模組 OR……等等，把它們加到機器人身上，看看可以有哪些不一樣的變化吧！

定時加油機器人

請大家加入下面的感測器，按照下圖的方式連接起來，並試著讓機器人起來。

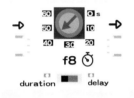

計時模組：可以讓輸出延遲或是持續固定的時間。這就表示，可以讓輸出在設定的時間內，持續轉動或是延後轉動。

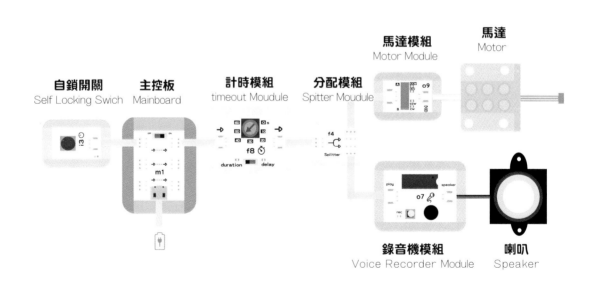

自鎖開關
Self Locking Swich

主控板
Mainboard

計時模組
timeout Moudule

分配模組
Spitter Moudule

馬達模組
Motor Module

馬達
Motor

錄音機模組
Voice Recorder Module

喇叭
Speaker

聲控機器人

請大家加入下面的感測器，按照下圖的方式連接起來，
並試著讓加油機器人動起來。

 運算邏輯模組 AND： 可以同時連接兩個輸入模組，表示當兩個輸入都開啟時，輸出才會有反應。（例如：當接上兩個無段按鈕時，需要按住兩個按鈕，才能啟動輸出端。）

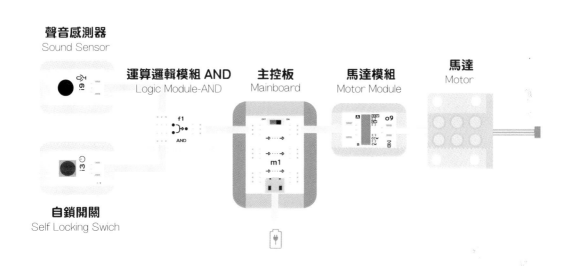

聲音感測器
Sound Sensor

運算邏輯模組 AND
Logic Module-AND

主控板
Mainboard

馬達模組
Motor Module

馬達
Motor

自鎖開關
Self Locking Swich

讓我們一起來觀察而且想一想：

請大家把下面的 BOSON 模組，寫上對的名稱並且塗上顏色，然後畫線讓 BOSON 模組連到正確的位置上。（輸入：藍色；主控制：紅色；輸出：綠色；運算邏輯：黃色）

1. 聲控機器人

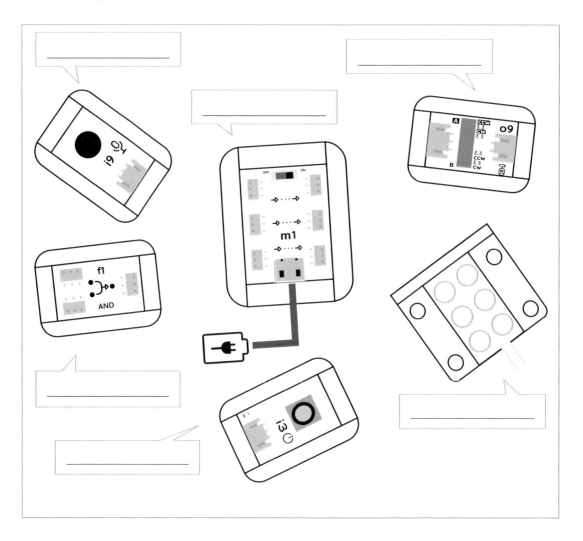

2. 定時加油機器人

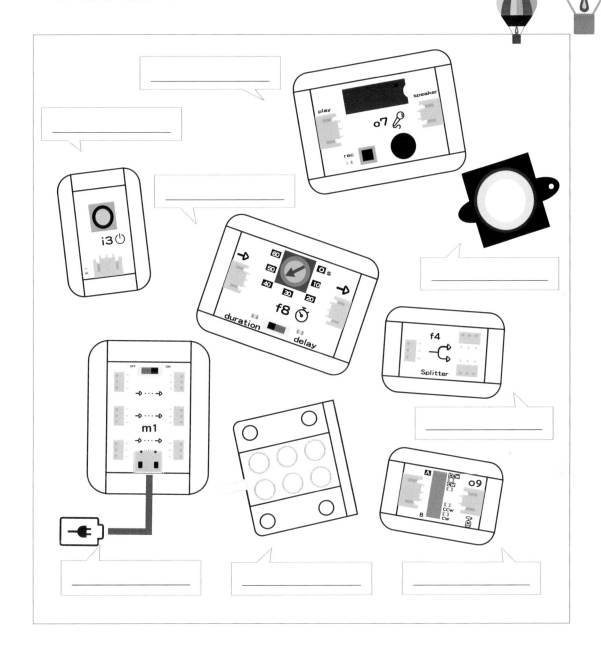

給師長、爸媽的話

　　本章的加油機器人運用了分配模組，讓同一個輸入訊號（動作偵測）可以控制兩個輸出動作（馬達與錄音機模組）。機器人一向是小朋友相當喜歡的題目，本章也運用了較為複雜的齒輪機構，讓機器人搖動加油棒。在後續的章節，將會有更多齒輪的應用，小朋友在操作上，也可以訓練指尖小肌肉的細微動作，是個相當好的練習。

第 **7** 章
歡樂嘉年華會
哇！超級夢幻的摩天輪

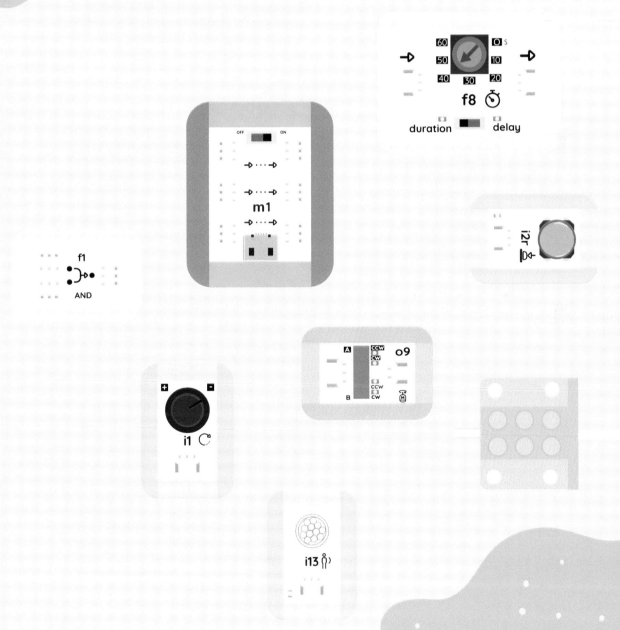

阿吉老師的小叮嚀：

遊樂場中最熱門的設施之一就是摩天輪了，緩緩升起到很高的地方，看著遠處的風景真是漂亮啊！大家想想看，要什麼樣的機器才能帶動這麼大一個的摩天輪呢？而在設計上又要注意什麼地方呢？

據說世界上第一個摩天輪，是1893年在美國大城市芝加哥的一場博覽會中出現的，高約80公尺，可以乘坐2000多人，而摩天輪的英文名稱Ferris Wheel，似乎是以製作者的名字來命名的喔！

開始前的熱身操：

1. 台灣有哪些遊樂園裡面有摩天輪。並觀察這些摩天輪有哪些地方一樣？及不一樣？

2. 世界上最高與最大的摩天輪是在哪裡呢？

3. 想一想，為什麼摩天輪可以轉得這麼慢呢？

這一章需要的材料：

◎ **BOSON 使用清單：**

☐ 主控板 X1
☐ 藍色無段按鈕 X1
☐ 馬達模組 X1
☐ 電線 X2

◎ **樂高零件：請參考附錄七。**

摩天輪運作背後的原理：

　　BOSON 的摩天輪是由馬達模組負責轉動方向，再配合樂高零件的齒輪減速機構，讓摩天輪能夠慢慢地轉動。而摩天輪需要轉這麼慢，主要就是要讓坐在上面的乘客，能夠有時間欣賞高處的風景。

　　所以，請大家將感測器與主控板接上，並試試看調節馬達的轉動方向。這個部份在前面章節已經介紹過了，如果不太記得的話，可以翻回去看一看喔。

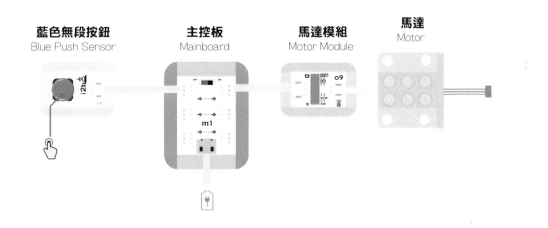

藍色無段按鈕　　　　主控板　　　　馬達模組　　　　馬達
Blue Push Sensor　　Mainboard　　Motor Module　　Motor

讓我們一步一步把摩天輪組裝起來：

1 把底座裝起來

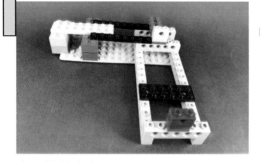

摩天輪的底座

2 把摩天輪和椅子裝起來

讓我們使用四根橫桿，完成後，大家可以根據自己喜好，設計椅子。

3 把摩天輪和底座裝起來

使用十字軸穿過支架最上方的孔和摩天輪中心

4 加裝上驅動滑輪

加裝滑輪與橡皮筋。

5 加裝上齒輪

加裝上齒輪，記得要用小齒輪帶大齒輪，才能讓摩天輪慢慢轉喔！

6 裝上 BOSON 模組

裝上 BOSON 模組，並將馬達接上十字軸就完成囉！

讓我們一起來動動腦：

　　摩天輪除了能夠轉動以外，如果我們再加上一些聲光效果，是不是更加有趣呢？有沒有想過，當摩天輪轉動的時候，裝飾在摩天輪上的七彩燈光跟著亮起來，夢幻吧！就讓我們一起來做做看吧！

七彩摩天輪

請大家加入下面的感測器，按照下圖的方式連接起來，並試試看讓摩天輪轉動起來。

分配模組：可以同時接起來兩個輸出模組。這就表示說，當一個輸入打開時，兩個輸出會同時有反應。

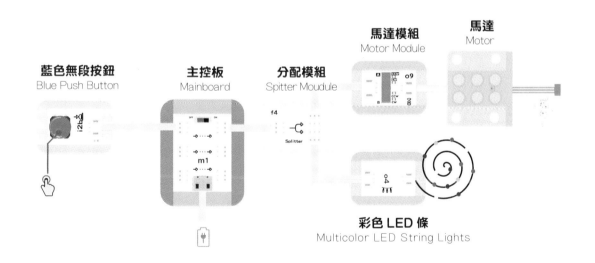

馬達模組
Motor Module

馬達
Motor

藍色無段按鈕
Blue Push Button

主控板
Mainboard

分配模組
Spitter Moudule

彩色 LED 條
Multicolor LED String Lights

兩段式控制摩天輪

請大家加入下面的感測器，按照下圖的方式連接起來，並試試看讓摩天輪轉動起來。

運算邏輯模組 AND：可以同時接兩個輸入模組，並需要兩個輸出模組都執行的情況下（例如同時按下兩個按鈕），輸出才會有反應。

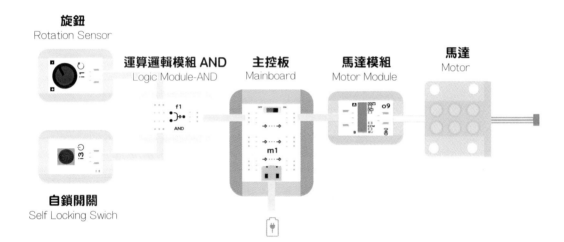

讓我們一起來觀察而且想一想：

請大家把下面的 BOSON 模組，寫上對的名稱並且塗上
顏色，然後畫線讓 BOSON 模組連到正確的位置上。（輸
入：藍色；主控制：紅色；輸出：綠色；運算邏輯：黃色）

1. 聲控摩天輪

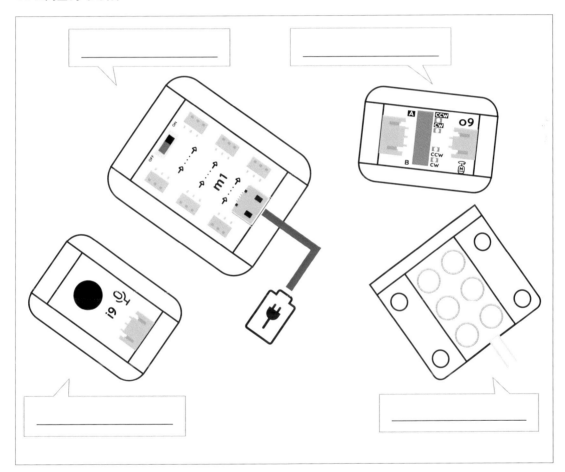

2. 兩段式控制摩天輪

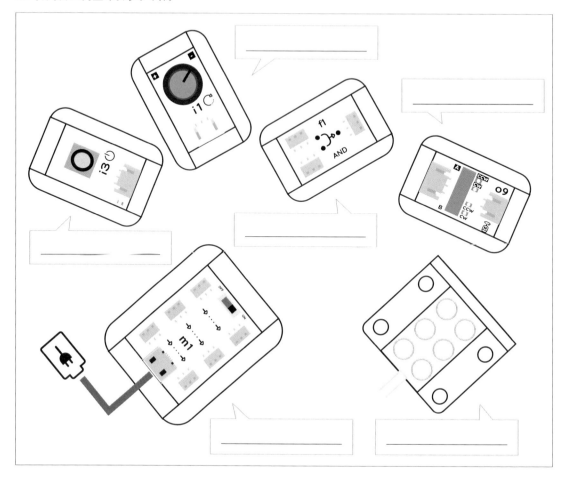

給師長、爸媽的話

　　摩天輪是各大遊樂場或觀光景點常見的大型觀景裝置。本章，我們使用不同大小的齒輪，或運用 BOSON 旋鈕以降低摩天輪的速度，因為若直接帶動，摩天輪轉動會過快，這樣就沒有摩天輪的效果了。您可與小朋友一同觀察，不同大小的齒輪相互搭配將產生出什麼樣的效果。

第 **8** 章
歡樂嘉年華會
遊園小火車

歡樂嘉年華會
遊園小火車

阿吉老師的小叮嚀：

遊樂場都好大啊，從一個設施走到一個設施都要走好久。有什麼交通工具可以載我們去呢？遊樂園中都有小型的遊園巴士或小火車讓遊客能快速從一個景點移動到下一個景點。根據遊樂場地的需求，遊園小火車可能會使用不同的動力來帶動。例如台北市動物園的遊園小火車就是由汽車來帶動多節無動力的車廂，乘客就坐在車廂中。但也有實際鋪設軌道的遊園小火車，這就和火車差不多，只是比較迷你一點。

開始前的熱身操：

1. 上網找一找，有哪些不同類型的遊園小火車，分別是用哪些方式來行駛的呢？（例如電力、汽油、獸力或人力）

2. 想一想，為什麼遊園小火車的後輪要可以轉動？

這一章需要的材料：

◎ BOSON 使用清單：

☐ 主控板 X1
☐ 旋鈕 X1
☐ 馬達模組 X1
☐ 電線 X2

◎ 樂高零件：請參考附錄八。

遊園小火車運作背後的原理：

　　BOSON 的遊園小火車是由馬達模組負責轉動，旋鈕控制轉動的快或慢，再配合樂高零件的齒輪減速機構，讓遊園小火車能夠慢慢地轉動。而遊園小火車需要轉這麼慢，主要就是要讓坐在上面的乘客，能夠有時間欣賞風景。

　　所以，請大家將感測器與主控板接上，並試試看調節馬達的速度和轉動方向。這個部份在前面章節已經介紹過了，如果不太記得的話，可以翻回去看一看喔。

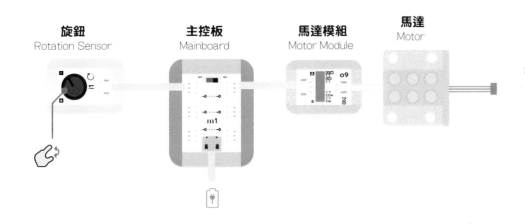

旋鈕	主控板	馬達模組	馬達
Rotation Sensor	Mainboard	Motor Module	Motor

讓我們一步一步把遊園小火車組裝起來：

1　組裝火車車體上半部

遊園小火車的車體，自行設計可愛的煙囪吧！

2　組裝車體下半部與動力輪

使用橫桿穿過兩個小輪子與 24 齒齒輪，請注意齒輪的位置。

3　組裝其他的齒輪

帶動順序是 8 齒齒輪→ 24 齒冠狀齒輪→ 8 齒齒輪→ 24 齒齒輪。

4　加裝可擺動的後輪並組裝車體

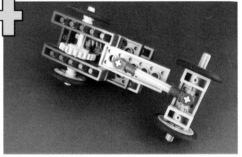

製作另一組輪子並使用十字軸搭配插銷接上車體

5　組裝小火車車頂

可自行設計車頂，並與車體組裝起來。

6　裝上 BOSON 模組

裝上 BOSON 模組，並讓等待已久的乘客登上遊園小火車吧！！

讓我們一起來動動腦：

如果我們可以控制小火車的前進速度，或是在小火車身上加裝燈光效果，是不是也很有趣呢？例如：用光感測器或是聲音感測器控制小火車的速度；加裝 LED 或是高亮度 LED 讓小火車發光，就讓我們一起來試試看吧！

音控小火車

請大家加入下面的感測器，按照下圖的方式連接起來，並試著讓小火車動動看。

運算邏輯模組 AND： 可以同時連接兩個輸入模組，表示當兩個輸入都開啟時，輸出才會有反應。

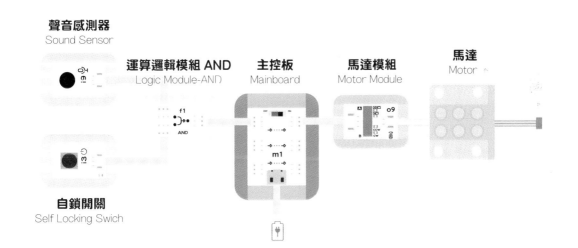

聲音感測器
Sound Sensor

運算邏輯模組 AND
Logic Module-AND

主控板
Mainboard

馬達模組
Motor Module

馬達
Motor

自鎖開關
Self Locking Swich

進隧道，小火車開燈！

請大家加入下面的感測器，按照下圖的方式連接起來，並試著讓小火車動動看。

運算邏輯模組 OR：可以同時接兩個輸入模組，但與 AND 模組不同之處在於只要有任一個輸入開啟，輸出就會有反應。

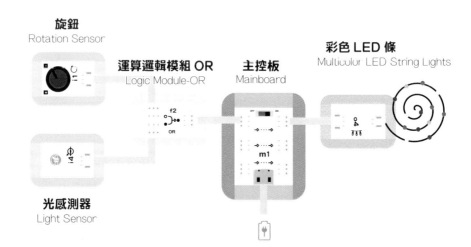

旋鈕
Rotation Sensor

運算邏輯模組 OR
Logic Module-OR

主控板
Mainboard

彩色 LED 條
Multicolor LED String Lights

光感測器
Light Sensor

讓我們一起來觀察而且想一想：

請大家把下面的 BOSON 模組，寫上對的名稱並且塗上顏色，然後畫線讓 BOSON 模組連到正確的位置上。（輸入：藍色；主控制：紅色；輸出：綠色；運算邏輯：黃色）

1. 音控小火車

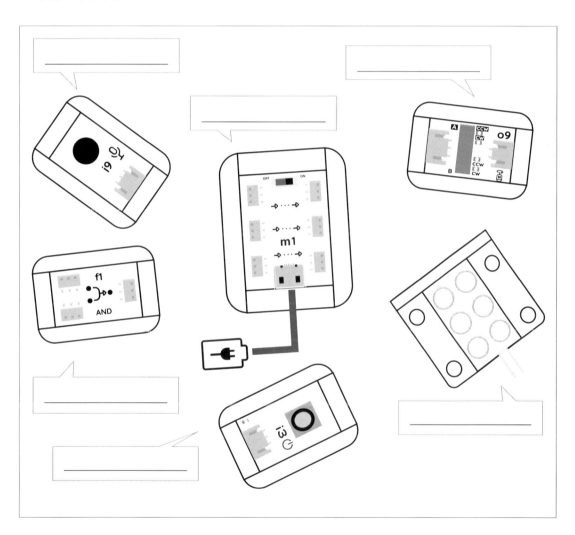

2. 進隧道，小火車開燈！

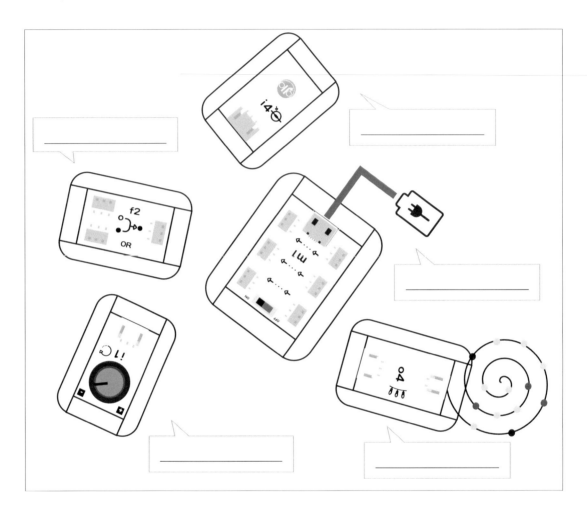

給師長、爸媽的話

　　遊園小火車是各大遊樂場或觀光景點常見的遊客運輸方式，根據不同的情境可能有汽車、迷你火車甚至獸力車等等。本章又一次使用了馬達模組，並呈現出不一樣的作品，你可以發現，光是控制馬達，就可以使用聲音、旋鈕、光感、按鈕……等，這些不同的輸入模組，再加上運算邏輯模組與輸出模組，就可以有更多、更有趣的變化，等待你實現自己的創意喔！

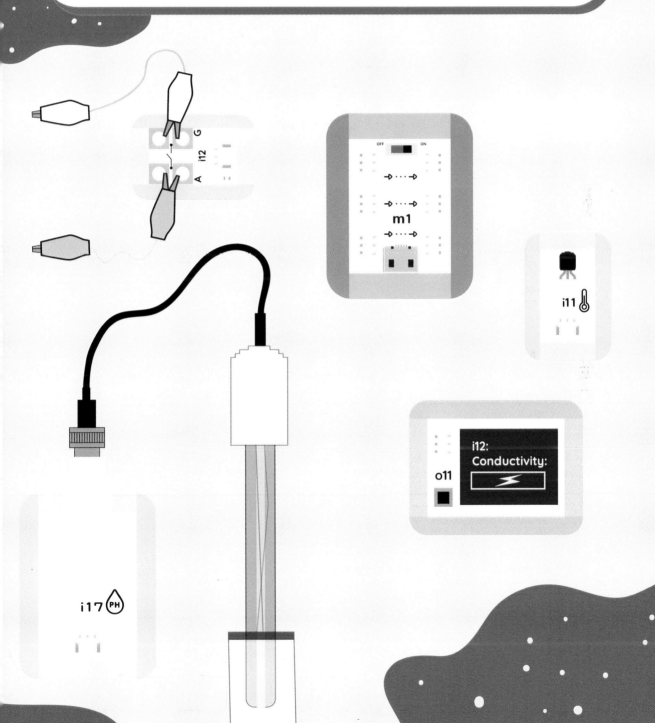

第9章
LED 亮起來、亮起來！
一起來認識水溶液的導電性

79

LED 亮起來、亮起來！
一起來認識水溶液的導電性

阿吉老師的小叮嚀：

假如一個東西可以讓電通過的話，我們就把這個現象叫做「導電」，可以導電的東西我們把它叫做「導體」。像是各種不同的金屬，就是生活中很常看到的導體，我們的身體也是電很好的導體，所以，有時候我們會不小心觸電呢！另一方面來說，塑膠、石頭和木頭是電的不良導體，也叫做「絕緣體」。

但小朋友知道像食鹽水這樣的液體也可以導電嗎？而且不同的液體也會有不同的導電效果喔！在這一章裡面，阿吉老師就要告訴大家，怎麼樣找出導電性最好的液體，更能藉著這個液體讓 LED 亮起來喔，很棒吧！

圖 01 220 歐姆電阻

舉個例子來說：如果我們這樣接的話，圖 03 的 LED 亮度應該會比圖 02 還要低，因為我們把三個電阻接在一起了（這樣就叫做「串聯」）。

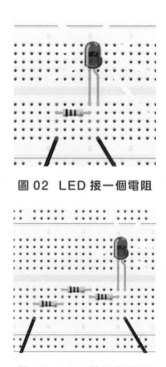

圖 02 LED 接一個電阻

圖 03 LED 接三個電阻

註：我們會用「電阻值」精確表達一個物體的導電程度，良導體的電阻值都非常低，代表很容易讓電通過；相反的，不良導體或絕緣體的電阻值都非常高，代表電很難通過它們喔！以後，當我們需要正確知道電路的導電性時，就需要用一種電子元件才能夠算出來，這個電子元件也就是「電阻」。大家不用擔心，所有電阻的電阻值都寫在在它的身體上，像下面的圖片是很常看到的220 歐姆電阻。

開始前的熱身操：

　　東西是不是有導電性，可以用導電感測開關來量量看。所以請大家把導電感測開關、主控板、O高亮下頁圖片的方法接起來，然後把 OLED 顯示模組切換到 i12，並且接上兩個鱷魚夾頭。

1. 先量一量衛生紙、剪刀、木頭或是手邊東西的導電性。（OLED 顯示模組如果出現閃電符號，就是導電喔！）
2. 衛生紙弄溼以後，會不會讓導電的結果有不一樣呢？
3. 試試看，哪一些液體可以導電。
4. 在水溶液中，鱷魚夾頭的距離，真的會影響導電的效果嗎？

不要怕！讓我們一起來做做看吧！

這一章需要的材料：

◎ 電子方面的材料：
　□ 主控板
　□ 導電感測開關
　□ OLED 顯示模組

◎ 實驗需要的設備：
　□ 10mm LED
　□ 6V 電池盒
　□ AA 電池 X4
　□ 鱷魚夾線 X5
　□ 紙杯
　□ 量杯

◎ 不同的液體：
　□ 白醋
　□ 小蘇打水
　□ 肥皂水
　□ 蒸餾水
　□ 米酒
　□ 其他方便找得到的液體

五種不同的液體

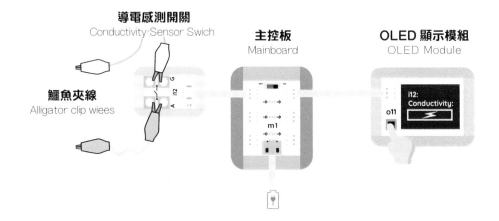

導電感測開關
Conductivity Sensor Swich

鱷魚夾線
Alligator clip wiees

主控板
Mainboard

OLED 顯示模組
OLED Module

這一章背後運作的原理：

　　導電感測開關的原理，是利用主控板通電以後的電流，經過鱷魚夾頭接觸東西後，傳導到東西上。如果兩個鱷魚夾頭互相碰在一起，那麼 OLED 顯示模組上就會亮起閃電的符號。會這樣是因為兩個鱷魚夾頭碰在一起的時候，中間沒有阻礙，電流很容易就通過了，但是如果夾在東西的兩邊，就會因為不同的東西而有不同的結果，你會發現，不同的東西，不一定都會亮起閃電的符號喔！

讓我們一步一步玩實驗：

1

請大家準備 5 個玻璃杯（罐），或是紙杯、塑膠杯，分別倒入 50ml 的白醋、小蘇打水、肥皂水、蒸餾水、米酒。

白醋、小蘇打水、肥皂水、蒸餾水、米酒（順序從左至右）

2 連接導電感測開關

把主控板、電源供應、導電性感測器接上去，然後接上二條鱷魚夾線。

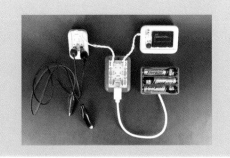

3 LED 兩隻腳接上鱷魚夾線

把 LED 的長腳接上紅色鱷魚夾線，短腳接上黑色鱷魚夾線。

4 電池盒和 LED 相連

把 6V 電池盒紅色線那一邊接上一條紅色鱷魚夾線，然後把電池盒黑色線的那一邊，和 LED 短腳上的黑色鱷魚夾線連接在一起。

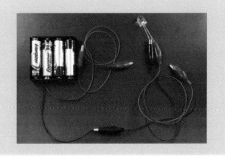

5 用膠帶把二條鱷魚夾線固定起來

讓我們用膠帶，分別把 BOSON 的兩條鱷魚夾線，和 LED 上的鱷魚夾線固定起來。（阿吉老師的特別提醒：鱷魚夾前端部份絕對、絕對不可以碰在一起，否則會發生危險喔！）

6 把鱷魚夾頭放入到溶液裡面

把固定好的鱷魚夾線放到液體裡面，並嘗試看看觀察一下 LED 的亮度，然後把結果寫下來。

請大家試試看，把鱷魚夾頭放入到很多種不同的液體裡面，而且觀察看看 OLED 顯示模組有沒有出現導電的符號？同時也觀察看看 LED 的亮度，不同的液體會有不同的亮度嗎？

阿吉老師特別小提醒：

大家在把鱷魚夾頭放入到不同液體之前，請大家先用衛生紙擦一擦鱷魚夾頭，一定要把殘留的液體都擦乾淨喔！

讓我們把實驗的結果記下來：

	白醋	小蘇打水	肥皂水	蒸餾水	米酒	其他溶液 _____
導電性	有			有		
LED 亮度	亮			不亮		
鱷魚夾頭距離 5CM 時 LED 亮度						
鱷魚夾頭距離 10CM 時 LED 亮度						

讓我們一起來觀察而且想一想：

1. 每一杯液體都能夠導電嗎？哪一種液體的導電效果最棒呢？

_____

_____

2.LED 的亮度在每一杯液體下都完全一樣嗎？

_____

_____

3. 水的溫度會影響到導電性嗎？大家可以試試看，放入不同溫度的水溶液，然後測量看看。

_____

_____

4. 鱷魚夾頭的距離真的會影響到 LED 的亮度嗎？大家可以試一試，把鱷魚夾頭分開 5 公分或著是 10 公分，然後把 LED 亮度，記在上面的表格裡面喔。

給師長、爸媽的話

　　本章，我們先介紹了什麼是「導電」，以及生活中常見的導體。在介紹什麼是「電阻」時，運用 BOSON 模組中的套件，便可讓小朋友體會到，不同電阻值對 LED 亮度的影響，進而對電的運作原理留下更深刻的印象。

第 **10** 章
生活中的化學反應
一起來觀察水溶液的酸鹼度

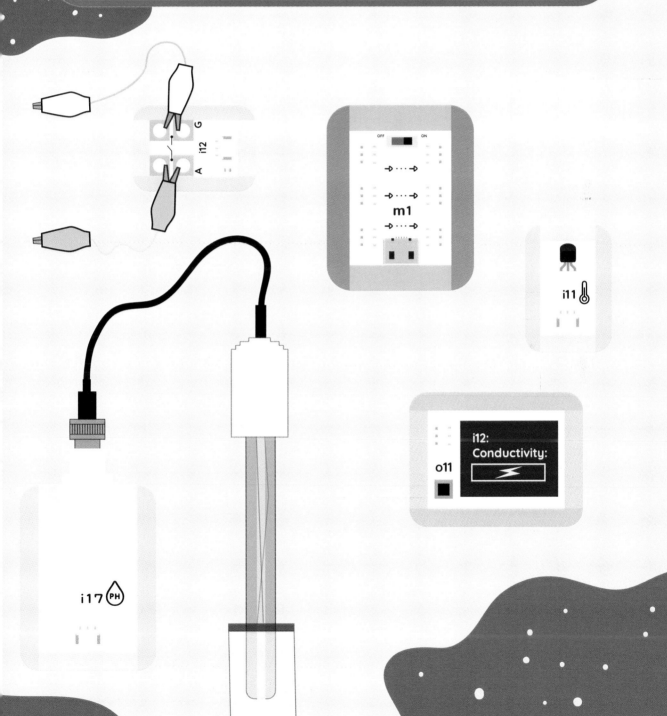

生活中的化學反應
一起來觀察水溶液的酸鹼度

阿吉老師的小叮嚀：

　　吃東西或喝水時，各種酸甜苦辣的感覺都是透過舌頭去感受的。那麼，有沒有什麼方法，能讓我們知道水溶液的酸鹼程度呢？今天要介紹一個用來表達酸鹼程度的單位，叫做 pH 值。

　　pH 值是水溶液中氫離子濃度的一種指標，也就是常用的溶液酸或鹼程度的衡量標準。在標準情況（攝氏 25 度和一大氣壓）下，pH=7 的水溶液（例如：純水）為中性；pH 小於 7 的溶液代表其中的氫離子（H+）濃度比較高，故溶液偏向酸性；而 pH 大於 7 則代表氫離子濃度比較低，所以溶液偏向鹼性。所以說 pH 值愈小，溶液的酸性愈強；pH 值愈大的話，溶液的鹼性也就愈強。

　　這一章的實驗要帶大家使用酸鹼值感測器，找找看生活中有哪些酸性或鹼性的水溶液，還可以把量測的數值顯示在小螢幕上喔！

開始前的熱身操：

　　請把酸鹼值感測器、主控板還有 OLED 顯示模組，按著右圖的方法接起來，然後把 OLED 顯示模組切換到 i17，這樣就可以把酸鹼值感測器所測量到的 pH 酸鹼值，顯示在 OLED 顯示模組上了。

這一章需要的材料：

◎ **BOSON 使用清單：**
　　☐ 主控板
　　☐ 酸鹼值感測器
　　☐ OLED 顯示模組

◎ **實驗需要的設備：**
　　☐ 4.5V 電池盒
　　☐ AA 電池 X3
　　☐ 玻璃罐（或著是紙杯、量杯）

◎ **不同的液體：**
　　☐ 白醋
　　☐ 小蘇打水
　　☐ 可樂
　　☐ 檸檬酸
（也可以準備其它不同的溶液來玩玩看喔！）

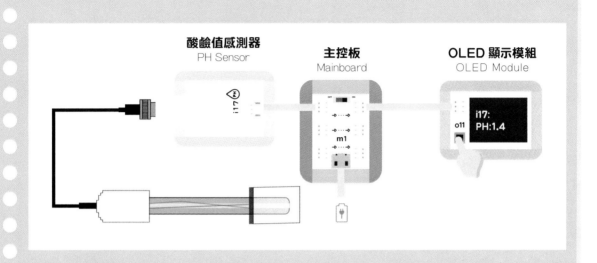

酸鹼值感測器
PH Sensor

主控板
Mainboard

OLED 顯示模組
OLED Module

i17:
PH:1.4

這一章背後運作的原理：

　　酸鹼值感測器的前端有一顆小玻璃圓球，這顆圓球的特殊結構，可以讓我們知道溶液的酸鹼值，放到我們想要測量酸鹼值的溶液裡面，就可以把數值呈現在 OLED 顯示模組的小螢幕上。不同的溶液，它們的酸鹼程度也大不相同，值得我們好好觀察喔。

讓我們一步一步玩實驗：

1 將溶液倒到容器裡面

取兩個容器，把白醋和小蘇打水分別倒入容器中，然後攪拌均勻。（容量以酸鹼值感測器可以測量到的高度為準。

左邊白醋、右邊小蘇打水

2 接上酸鹼值感測器和 OLED 顯示模組

連接酸鹼值感測器、主控板還有 OLED 顯示模組。這代表我們要把酸鹼值感測器的數值，顯示在 OLED 顯示模組上。

3 取下酸鹼值感測器前蓋

將酸鹼值感測器前端裝有標準液的蓋子取下。

阿吉老師特別小提醒：取下的時候，千萬不要把標準液倒出來。

4 沖洗前端的玻璃圓球

將酸鹼值感測器前端，用水沖洗大概 5 秒鐘。（在這裡，我們使用泰山純水，沖洗的位置是前端的玻璃圓珠。）

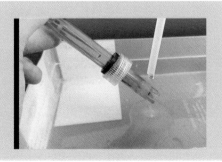

測量白醋的酸鹼值

將酸鹼值感測器放入溶液大約 30 秒，來測量白醋的 pH 值，並記錄在下表。

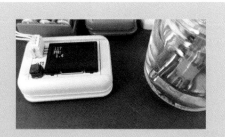

阿吉老師特別小提醒：每次測量不同的溶液之前，都要再次用水沖洗感測器，否則測量的結果會較不準確。下面的圖片是白醋的酸鹼值為 1.4，屬於強酸喔！

測量小蘇打水的酸鹼值

以同樣的步驟，測量小蘇打水的酸鹼值，並記錄在下表一。

阿吉老師特別小提醒：每次測量不同的溶液之前，都要再次用水沖洗感測器，否則測量的結果會較不準確。

阿吉老師特別小提醒：

酸鹼值感測器的校正方式

之所以把純水在標準狀況下的 pH 值定為 7，是因為水在標準溫度和壓力下，自然電離出的氫離子（H+）和氫氧根離子（OH-）濃度的乘積，始終是 1×10^{-14}，而且兩種離子的濃度都是 1×10^{-7} mol/L。但如果是在非水溶液，或是非標準狀況的情形下，pH 值為 7 的溶液就不一定是中性了。

使用 pH 儀必須在標準液（3M 的氯化鉀 KCl 溶液）中開機，連續兩次開關機停留在同一個數字時，將數字記錄下來為 a，然後把測量到的數字記錄為 b，b×(7/a) 所得數字為校正後 pH 數值。pH 儀的測量，需要是水溶液才可以測量。

讓我們把實驗的結果記下來：

	白醋	小蘇打水	可樂	檸檬酸	其他溶液 _____
我測量到的酸鹼值					
偏向酸性					
偏向鹼性					
老師量測到的酸鹼值	1.4（強酸性）	8.7（弱鹼性）	1.9（強酸性）	0.8（強酸性）	

讓我們一起來觀察而且想一想：

1. 溶液的溫度會影響到酸鹼值嗎？試試看，放入不同溫度的溶液，然後測量看看。？

_____
_____

2. 20ml 的白醋不加水、加 10ml 水、加 30ml 的水，酸鹼值會不會有所不同呢？

_____
_____

給師長、爸媽的話

　　本章帶領小朋友認識生活中各種液體的酸鹼性，以純水為標準進行分界（pH 值為 7，亦為中性），常見的酸性溶液包含牛奶、啤酒、咖啡及可樂……等等；鹼性溶液則如肥皂液、海水及漂白水……等等。本章也帶入「感測器需校正」此觀念，所有感測器在使用前皆需校正，否則測量結果就可能失準。另外，亦可用常見的酸鹼試紙（例如廣用試紙或石蕊試紙），來與本章的實驗結果進行比對。

　　要請師長、爸媽特別留心，在操作偏強酸性或強鹼性液體時，請務必配戴護目鏡及手套，以免不慎受傷。萬一不慎碰到皮膚，請立即以大量清水沖洗，並請迅速就醫。

資料來源

- http://siro.moe.edu.tw/teach/index.pHp?n=0&m=0&cmd=content&sb=4&v=4&p=841
- http://www.nani.com.tw/jlearn/natu/ability/a1/4_a1_3_8.htm

第11章
日常生活中的化學反應
一起來觀察酸鹼中和反應

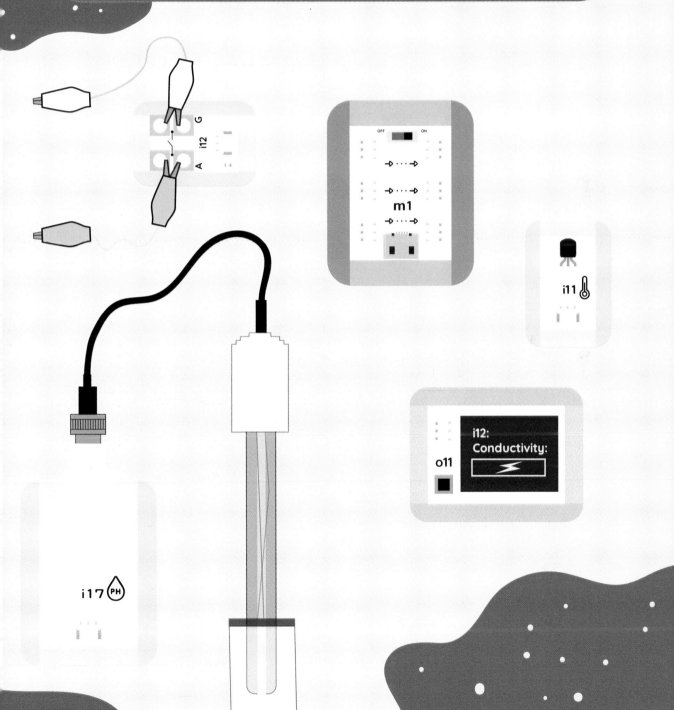

日常生活中的化學反應
一起來觀察酸鹼中和反應

阿吉老師的小叮嚀：

　　在前面一章，我們使用了酸鹼值感測器，測量了生活中常見溶液的酸鹼程度，例如檸檬汁和肥皂水⋯⋯等等。那麼，如果我們把酸性溶液和鹼性溶液加在一起，會發生什麼事呢？這個過程，我們稱為「酸鹼中和」或「中和反應」，是指酸和鹼互相交換，生成鹽和水的反應，過程中還會放出熱量，屬於放熱反應。例如，鹽酸和氫氧化鈉兩者中和之後，就產生氯化鈉（食鹽的主要成分）和水。酸鹼中和在我們日常生活中有相當廣泛的應用，例如處理髒水、食用藥劑還有肥料，甚至夏天必需具備的防蚊液，也是運用了酸鹼中和的原理，來中和被蚊子叮咬後的癢痛的感覺。

　　這一章，我們將在進行酸鹼中和的過程中，運用 BOSON 模組來檢查 pH 值是否為 7，代表了水溶液已達中性。除了上一章所使用的酸鹼值感測器外，我們還使用了防水溫度感測器來進一步得知水溶液的溫度喔！

開始前的熱身操：

　　請把防水溫度感測器、主控板還有 OLED 顯示模組，按照右圖的方法接起來，然後把 OLED 顯示模組切換到 i19。這樣就可以把防水溫度感測器偵測到的水溶液溫度，顯示在 OLED 顯示模組上了。

這一章需要的材料：

◎ **BOSON 使用清單：**
　　☐ 主控板
　　☐ 酸鹼值感測器
　　☐ 防水溫度感測器
　　☐ OLED 顯示模組

◎ **實驗需要的設備：**
　　☐ 玻璃罐（或著是紙杯、量杯）
　　☐ 塑膠滴管。

◎ **不同的液體：**
　　☐ 白醋
　　☐ 小蘇打水
　　☐ 漂白水
　　☐ 檸檬酸
（大家可以多準備其它不同的溶液來玩玩看喔！）

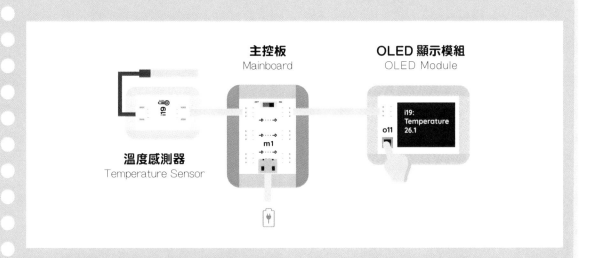

主控板
Mainboard

OLED 顯示模組
OLED Module

溫度感測器
Temperature Sensor

這一章背後運作的原理：

　　酸鹼中和的原理是酸的氫離子和鹼的氫氧離子互相作用，並且在中和的過程當中放出熱量，在本章，我們會在白醋中，慢慢加入小蘇打水進行酸鹼中和，並使用酸鹼值感測器還有防水溫度感測器，來測量 pH 值和溫度的變化。請大家注意，由於只有一個 OLED 顯示模組，所以需要抽換酸鹼值感測器和防水溫度感測器。如果要同時顯示這兩個數值的話，就需要使用兩個 OLED 顯示模組才行。

讓我們一步一步玩實驗：

1 將溶液倒到容器裡面

取兩個容器，把白醋和小蘇打水分別倒進容器裡面，然後攪拌均勻。（容量以酸鹼值感測器可以測量到的高度為準。）

左邊白醋、右邊小蘇打水

2 接上酸鹼值感測器和 OLED 顯示模組

連接酸鹼值感測器、主控板還有 OLED 顯示模組。這代表我們要把酸鹼值感測器的數值，顯示在 OLED 顯示模組上。

3 取下酸鹼值感測器前蓋

將酸鹼值感測器前端裝有標準液的蓋子取下。

阿吉老師特別小提醒：取下的時候，千萬不要把標準液倒出來。

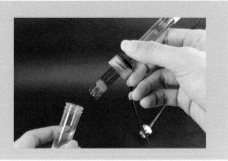

4 用純水清洗前端玻璃圓珠

用水沖洗酸鹼值感測器前端的玻璃圓珠，大概 5 秒。（使用泰山純水來沖洗。）

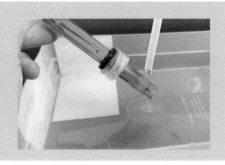

5

測量白醋的酸鹼值

將酸鹼值感測器放到溶液裡面約 30 秒,來量測白醋的 pH 值。由右圖可以看到白醋的酸鹼值為 1.4,屬於強酸喔!

6

接上防水溫度感測器

接著要測量溫度,請大家把酸鹼值感測器取下,換成防水溫度感測器,並把 OLED 顯示模組切換至 i19 來顯示溫度。

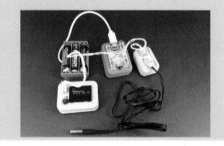

7

測量白醋初始溫度

將防水溫度感測器的金屬前端放到白醋裡面,然後靜靜放著 30 秒,好得到穩定的數值,然後記錄在表格中。右圖中顯示白醋的溶液溫度為 25.8 度 C。

8

測量白醋初始溫度

接著要使用小蘇打水來中和白醋。請大家用滴管取適量的小蘇打水,滴進白醋溶液,靜靜放著 30 秒,記錄新的溫度。再將防水溫度感測器換成酸鹼值感測器,同樣靜靜放著 30 秒後,再次觀察 OLED 顯示模組上的酸鹼值,有沒有什麼變化呢?請在表格中記錄下變化的數值。重複此步驟,完成下面的表格。

讓我們把實驗的結果記下來：

溶液	原始溶液	第 1 次	第 2 次	第 3 次	第 4 次	第 5 次
pH 值	1.4					
溫度	25					
偏向鹼性						
偏性酸性						

讓我們一起來觀察而且想一想：

1. 請大家用肥皂水，或其他可以得到的鹼性溶液，再次做實驗，然後把實驗結果記錄下來 。

_____

_____

2. 如果一次將比較多的小蘇打水加入白醋（例如 2 滴增加為 4 滴），溫度變化的速度會有什麼不一樣嗎？請寫下你觀察到的結果。

_____

_____

給師長、爸媽的話

　　本章延續上一章內容，進一步帶領小朋友認識，如何將酸性溶液與鹼性溶液加在一起時，所產生的中和反應。並運用 BOSON 模組，來測量酸鹼值與溫度的變化 。再次提醒師長與爸媽， 在操作偏強酸性或強鹼性液體時，請務必幫小朋友配戴護目鏡與手套，以免不慎受傷。萬一不慎碰到皮膚，請立刻用大量清水沖洗，並請迅速就醫

會變顏色的水
指示劑辨色

阿吉老師的小叮嚀：

　　在夜市或是校慶園遊會上有販賣很多飲料，例如黑色的仙草蜜或橘色的木瓜牛奶等等。但是你有看過一杯飲料中包含兩種或三種以上顏色的嗎？這種五彩繽紛的飲料通常是使用蝶豆花這種特殊植物的汁液來達成的，再加入不同酸鹼值的溶液來達到變色的效果。小朋友可以根據本章的實驗來找出哪些溶液與蝶豆花汁搭配可以產生出最美麗的顏色。

開始前的熱身操：

　　請把酸鹼值感測器、主控板與 OLED 顯示模組，按著右圖的方法接起來，然後把 OLED 顯示模組切換到 i17 。這樣就可以把酸鹼值感測器所測量到的 pH 酸鹼值顯示在 OLED 顯示模組了。

這一章需要的材料：

◎ **BOSON 使用清單：**
　　□ 主控板
　　□ 酸鹼值感測器
　　□ OLED 顯示模組

◎ **實驗需要的設備：**
　　□ 玻璃罐（或著是紙杯、量杯）
　　□ 塑膠滴管。

◎ **不同的液體：**
　　□ 蝶豆花或紫色高麗菜汁
　　□ 白醋（pH 值 4.4）
　　□ 小蘇打水（pH 值 8.2）
　　□ 檸檬飲（pH 值 3.8）
　　□ 漂白水（pH 值 12）
（也可以多準備其它不同的溶液來玩玩看喔！）

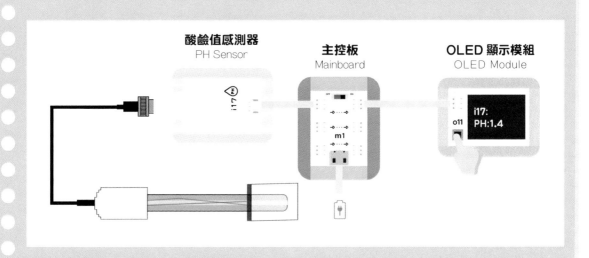

酸鹼值感測器
PH Sensor

主控板
Mainboard

OLED 顯示模組
OLED Module

i17:
PH:1.4

這一章背後運作的原理：

　　蝶豆花本身所含的「花青素」，是一種水溶性的植物色素，花青素的顏色會因為身處環境的酸鹼值而改變，也因此有許多飲料店利用這類的花青素來製作色彩繽紛的飲料。乾燥的蝶豆花顏色為深藍或深紫，將它放到熱水裡舒展，就會讓溶液呈現藍紫色。建議 100cc 的水加一小片花瓣就可以了，加愈多片，顏色就會愈深。另一方面，蝶豆花汁可以直接飲用，會有微微的花香味，但是與別的溶液混合之後就會被蓋過去了。常見的飲料搭配有雪碧、奶茶、水果醋與檸檬汁等等。

阿吉老師特別小提醒：

本章的四種實驗溶液，除了檸檬飲之外，其他像是白醋、小蘇打水與漂白水都絕對不可以喝喔！白醋加蝶豆花汁的顏色雖然很漂亮，但你應該不會想要直接喝醋吧？

讓我們一步一步玩實驗：

1 準備蝶豆花汁

將蝶豆花浸在熱水中約 30 分鐘
左右，並找三或四個容器平均分
裝起來。

2 連接酸鹼值感測器和 OLED 顯示模組

依照右圖連接酸鹼值感測器、控
制模組與 OLED 顯示模組，並將
OLED 顯示模組切換到 i17 來顯
示 pH 值。

3 取下酸鹼值感測器前蓋

將酸鹼值感測器前端裝有標準液
的蓋子取下。

**阿吉老師特別小提醒：取下的時
候，千萬不要把標準液倒出來。**

4 清洗前端玻璃圓珠

用水沖洗酸鹼值感測器前端的玻
璃圓珠， 約 5 秒（此處使用泰
山純水沖洗）。

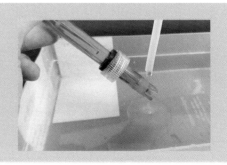

5 量測蝶豆花的 pH 值

先用酸鹼值感測器測量蝶豆花汁的酸鹼值，並記錄在下方的表格內，如右圖的測量結果就是 7.3，代表蝶豆花汁屬於中性溶液。另外也要把白醋、小蘇打水、檸檬飲、漂白水一開始的酸鹼值測量後記錄下來。

阿吉老師特別小提醒：每次測量不同溶液前，都要再次用水沖洗感測器，否則量測結果會不準確。

6 倒入白醋

將白醋慢慢倒入蝶豆花汁中，並仔細觀察顏色變化。靜置 30 秒之後，再量一次 pH 值。

7 倒入不同的溶液

分別將剩下的小蘇打水、檸檬飲、漂白水，倒入蝶豆花汁中，觀察顏色變化，記錄在下方的表格中，是不是五彩繽紛呢！

左到右分別為白醋、小蘇打水、檸檬飲與漂白水

讓我們把實驗的結果記下來：

溶液	蝶豆花	白醋	小蘇打水	檸檬飲	漂白水	其他溶液 _____
pH 值	7.3					
溫度						
偏向鹼性	★					
偏性酸性						

讓我們一起來觀察而且想一想：

1. 觀察看看，最後混合溶液的酸鹼程度與顏色深淺有關係嗎？

——

——

2. 到夜市走一走，看看蝶豆花飲料有哪些常見的口味？

——

——

給師長、爸媽的話

　　本章以常見的蝶豆花飲料向小朋友說明溶液酸鹼值與顏色的關係。蝶豆花算是相當容易取得，操作上也很簡單的實驗。小朋友很容易就能理解蝶豆化汁與不同酸鹼值溶液混合之後的顏色變化，再請師長或家長帶領小朋友更深入去觀察，例如「同樣是酸性溶液，強酸 / 弱酸性溶液對於蝶豆花汁顏色變化的影響？」，讓小朋友建立起科學思考的精神。

資料來源

- https://www.pixpo.net/post449567
- http://m.1nongjing.com/a/201612/160406.html
- https://tw.answers.yahoo.com/question/index?qid=20060315000013KK02560

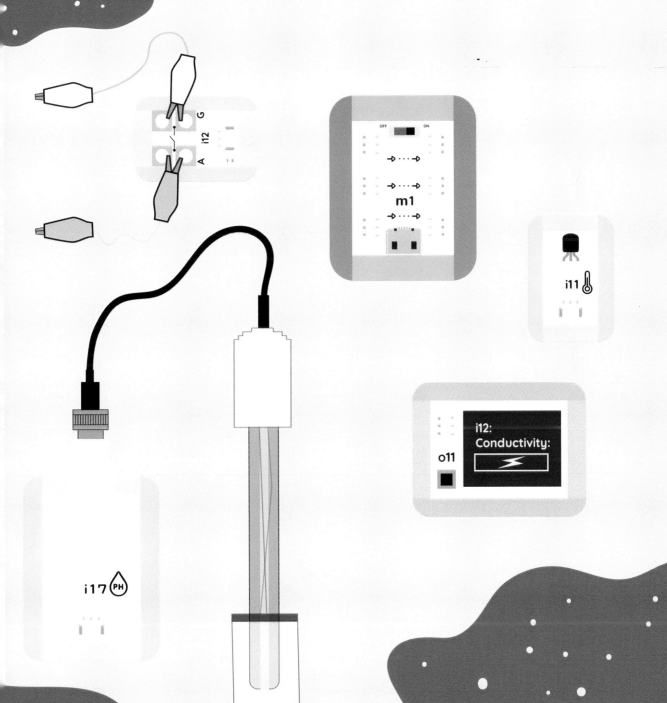

阿吉老師的小叮嚀：

我們每天吃的蔬菜、水果或各種農作物，都是農夫們辛辛苦苦在田地裡栽種出來的。植物生長的過程中，我們會加入肥料讓它們長得漂亮又營養。大家可以想想看，肥料加入土壤中為什麼可以讓植物生長得更好呢？

肥料根據其成分，可以簡單分成「有機肥料」與「無機肥料」兩種。有機肥料代表其成分為有機物，我們常聽到的「堆肥」，其實就是有機肥料的一種喔！無機肥料又稱「化學肥料」或「合成肥料」，通常是指非生物體或無機化合物、礦物中提煉製成的。一般由礦物質、人工化學合成或動植物燃燒後的物質，例如石灰岩也是常見的無機肥料。

開始前的熱身操：

請把酸鹼值感測器、主控板還有 OLED 顯示模組，按照右圖的方法接起來，然後把 OLED 顯示模組切換到 i17。這樣就可以把酸鹼值感測器所測量到的 pH 值，顯示在 OLED 顯示模組上了。

這一章需要的材料：

◎ BOSON 使用清單：
　□ 主控板
　□ 酸鹼值感測器
　□ OLED 顯示模組

◎ 實驗需要的設備：
　□ 空的寶特瓶
　□ 衛生紙
　□ 紗布或濾網
　□ 橡皮筋

◎ 不同的土壤：
（市售培養土或是周遭可取得的土壤。）

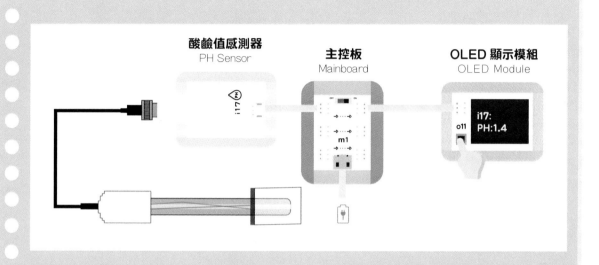

這一章背後運作的原理：

　　本章使用酸鹼值感測器來量測不同酸鹼程度的土壤（偏酸性／偏鹼性）與肥料（偏酸性／偏鹼性）對於植物生長的效果。

讓我們一步一步玩實驗：

【實驗一、測量土壤酸鹼度】

1　準備土壤

取兩到三種不同地方的土壤，例如公園、學校花圃。

2　土壤放置水中並攪拌

將土壤放置到容器中，加水後攪拌一陣子。

3　靜置後沈澱

靜置讓土壤完全沈澱。

4　連接酸鹼值感測器和 OLED 顯示模組

依照圖連接酸鹼值感測器、控制模組與 OLED 顯示模組。

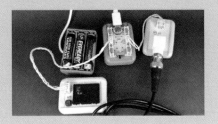

5 取下酸鹼值感測器前蓋

將酸鹼值感測器前端裝有標準液的蓋子取下。

阿吉老師特別小提醒：取下的時候，千萬不要把標準液倒出來。

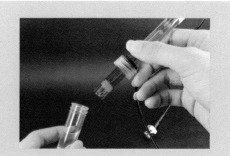

6 清洗前端玻璃圓珠

用水沖洗酸鹼值感測器前端的玻璃圓珠，約 5 秒（此處使用泰山純水沖洗）。

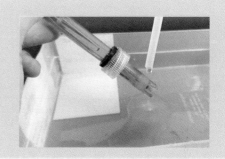

7 量測水溶液的 pH 值

將 pH 酸鹼感測器放入裝有土壤中的水溶液 30 秒，測量水溶液的酸鹼度，並觀察看看，不同地方的土壤酸鹼度都一樣嗎？不同顏色的土壤酸鹼度是否有分別呢？

讓我們把實驗的結果記下來：

土壤	市售培養土	花圃的土	其它土壤			
PH 值	7.3					
顏色	黑色					

讓我們一步一步玩實驗：

【實驗二、肥料酸鹼度】

1 準備材料

準備寶特瓶，衛生紙、橡皮筋、紗布或濾網。（請先將寶特瓶切開，分為上下兩段）

2 衛生紙塞入瓶口

先將衛生紙揉成一團後，塞入瓶口。

3 橡皮筋固定紗布或濾網

將紗布或濾網剪成適當大小後，包在瓶口處，並用橡皮筋固定。

4 倒入土壤

將土壤倒入有濾網的寶特瓶內至半滿。

5 倒入種子

在土壤上放一些種子。（種子的
數量視土壤範圍而定，不宜太密
集，約 5~10 顆左右）並倒入一
些土壤覆蓋種子。

6 清洗前端玻璃圓珠

再準備另一個寶特瓶，重複步驟
1～5，並做上記號（等到發芽
後，再放上一些肥料），用純水
沖洗酸鹼值感測器，準備量測。

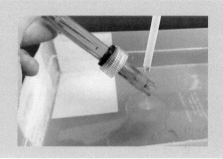

7 量測水溶液的 pH 值

每天定時澆水，並量測下方寶特
瓶水量的 pH 值。（兩個植物的
澆水時間、水量都要一樣喔，否
則量測結果會不準確）並將量測
到的 pH 值與植物的生長情況記
錄在下方表格。

讓我們把實驗的結果記下來：

沒有施肥的植物

	第一天	第二天	第三天	第四天	第五天	第六天	第七天
PH 值	7.3						
生長情況							

有施肥的植物

	第一天	第二天	第三天	第四天	第五天	第六天	第七天
PH 值	7.3						
生長情況							

讓我們一起來觀察而且想一想：

1. 不一樣地方取得的土壤，植物生長情況會不會不一樣？

_____

_____

2. 有施肥和沒有施肥的土壤，植物生長速度與情況有一樣嗎？

_____

_____

給師長、爸媽的話

　　現今政府大力推動智慧農業，就是希望以科學化方法來提供農作物的產量與品質。例如台灣的水果與茶種都是世界知名，運用科學方法與先進科技，讓農民能夠更有效率種植作物，消費者也能以更優惠的價格吃到健康安心的農產品。本章利用感測器來監控土壤與肥料的酸鹼度就是很好的例子。

　　另一方面，諸多研究證實，不同品種的植物對於土壤各自有其喜歡的酸鹼性，如要繼續細分，則包含溼度、溫度與光照時間都會影響植物的生長。鼓勵家長帶領小朋友們以實際觀察來佐證網路或書本所查找的資料。如果發現不同的地方，也請鼓勵小朋友多多發問並深入尋找其原因，成為小小科學家喔！

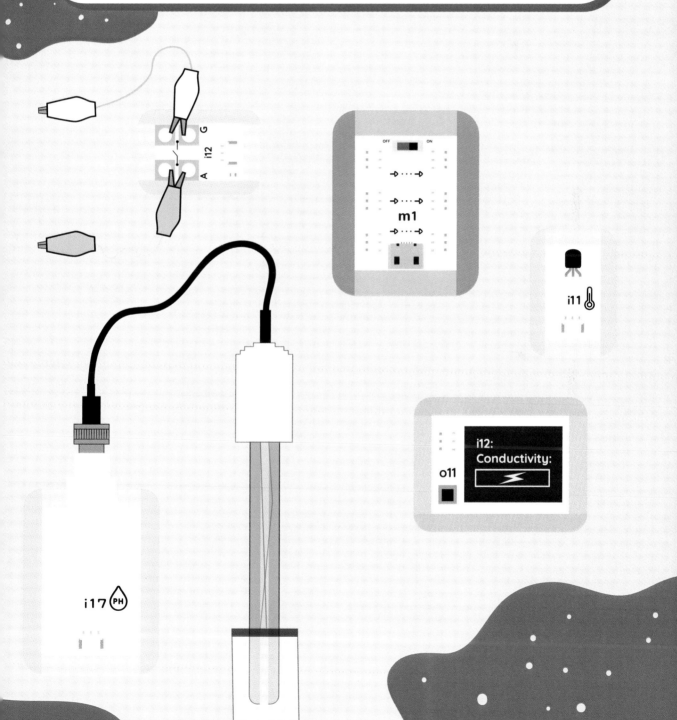

第14章
科學小農夫
土壤濕度

121

科學小農夫
土壤濕度

阿吉老師的小叮嚀：

　　小朋友們，你知道嗎？在植物生長的過程中，會由植物根部吸收土壤中的水份，並運送到莖及葉子。而我們澆的水，或是下雨的雨水，也會先經由土壤再被植物根部吸收，但並非所有的水都會被植物吸收喔！由於土壤的種類不同，其能夠保留住水份的量也不相同，當然，太鬆散或是太粘稠的土壤，對植物吸收水份的速度、多寡也會有影響。在這一章裡，我們要來觀察土壤的溼度對植物生長會有什麼樣的影響喔！

開始前的熱身操：

　　想一想，在裝了同一種土壤的三個杯子裡，分別倒入不同的水量，土壤溼度會不會一樣呢？請將土壤溼度感測器，按照右圖的方法接起來，並切換到 i16。

這一章需要的材料：

◎ BOSON 使用清單：
　　□ 主控板
　　□ 土壤溼度感測器
　　□ OLED 顯示模組

◎ 實驗需要的設備：
　　□ 空的寶特瓶
　　□ 衛生紙
　　□ 紗布或濾網
　　□ 橡皮筋

◎ 不同的土壤：
（市售培養土或是周遭可取得的土壤。）

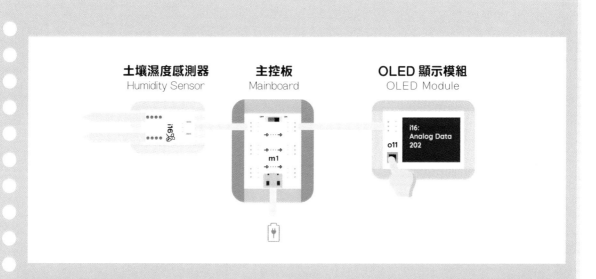

土壤濕度感測器
Humidity Sensor

主控板
Mainboard

OLED 顯示模組
OLED Module

i16:
Analog Data
202

這一章背後運作的原理：

　　小朋友，你曾經有過搭電梯的經驗嗎？當電梯裡人很多的時候，會不會覺得有些透不過氣來呢？這就像植物澆了太多的水，土壤裡面擠滿了水份，植物的根部反而會因為水份過多而無法呼吸喔！那麼，究竟要澆多少的水，才能讓植物順利生長，不至於死掉呢？就讓我們一起從測量土壤溼度來做做看吧！

讓我們一步一步玩實驗：

1 裝土壤的寶特瓶

準備一個寶特瓶，並裝進土壤。
（請按照前一章節的步驟，將寶
特瓶裝上濾網與衛生紙）

2 倒入種子。

倒入種子。

3 加入 100 毫升的水

加入大約 100 毫升的水量，在瓶
身標示後，靜置約 25 分鐘以上，
等待土壤將水份吸收。

4 將溼度感測器插到土壤裡

連接土壤溼度感測器，並將感測
器的金屬表面插到土壤裡。

5 記錄 OLED 顯示模組的數值

靜置約十分鐘後，將 OLED 顯示
模組上的數值記錄下來。

6 觀察並記錄

再加入兩個寶特瓶，重複以上步
驟，並分別將步驟 3 改成 40 與
200 毫升，觀察並將土壤溼度與
種子生長情況記錄在以下的表
格。

讓我們把實驗的結果記下來：

沒有施肥的植物

	第一天	第二天	第三天	第四天	第五天	第六天	第七天
時間							
加 水 40 毫升土壤溼度							
加 水 40 毫升種子生長高度							
加 水 100 毫升土壤溼度							
加 水 100 毫升種子生長高度							
加 水 200 毫升土壤溼度							
加 水 200 毫升種子生長高度							

讓我們一起來觀察而且想一想：

1. 加水量不一樣的土壤溼度，會不會有什麼不一樣呢？

_____

_____

2. 加水量不一樣的種子生長速度，會有什麼不一樣呢？

_____

_____

給師長、爸媽的話

　　本章的土壤溼度實驗，除了熟悉土壤溼度感測器以外，同時也培養小朋友耐心種植植物，並觀察記錄的習慣。Science Kit 裡面，還有光感測器，也可以利用在種植植物的專題裡，例如：每天記錄不同光照下，植物的生長情況。也可以加上溫度感測器，記錄在不同的環境溫度下，植物的生長速度會有什麼樣的影響…等等，都是小朋友可以發揮的創意喔！

附錄一

藍色輸入模組

自鎖開關：按一下就開，再按一次就關起來。

無段按鈕（紅色 / 藍色 / 黃色）：按住就開，放開就關起來

旋鈕：可以往左或往右旋轉，這表示可以改變輸出端的大小。

動作感測器：可以偵測周圍是不是有東西靠近。

聲音感測器：可以偵測周遭聲音的大小。這就表示，可以讓輸出根據聲音的大小，作出不同的變化。

光感測器：可以用來測量四周環境的光線值。

傾斜感測器：只要傾斜一邊，就會有開啟或關閉的效果。

濕度感測器：可以偵測周遭環境的溼度。

溫度感測器：可以偵測周遭環境的溫度。

土壤濕度感測器：可以偵測土壤的濕度。

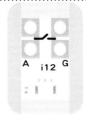

導電感測開關：可以偵測物體是否導電。

心律監測感測器：可以偵測心律的頻率。

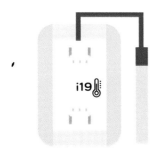

防水溫度感測器：可以偵測水溶液的溫度。

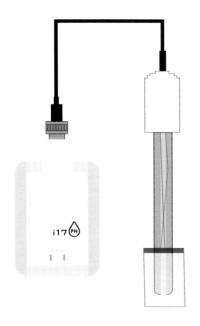

酸鹼值感測器：可以偵測水溶液的酸鹼值。

紅色（主控板）

主控板 -1 組輸入 / 輸出端：可以連接 1 組輸入與 1 組輸出的控制板。

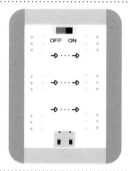

主控板 -3 組輸入 / 輸出端：可以連接 3 組輸入與 3 組輸出的控制板。

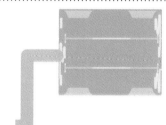

電池座：可以當作主控板的電力來源，使用 3 顆 4 號 AAA 電池。

綠色輸出模組

高亮度 LED：模組上有一顆 LED，接上主板之後可以亮起來。

蜂鳴器模組：可以發出聲音。這就表示說，當接上主控板通電之後，蜂鳴器會發出固定頻率的聲音。

馬達模組：可以 360 度轉動。這就表示說，當接上主控板通電之後，馬達模組會持續轉動。

彩色 LED 燈條：可以同時亮起不同顏色的 LED。

伺服機模組：可以在 180 度的範圍內轉動。這就表示說，當接上主控板通電之後，伺服機模組能在大約 0 ～ 180 度的範內轉動。

錄音機模組（喇叭）：可以錄製 10 秒以內的聲音。

OLED 顯示模組：可以顯示 Science Kit 裡面的感測器數值。

黃色（運算邏輯）

運算邏輯 AND 模組：可以同時接起來兩個輸入模組。這表示説，當兩個輸入都打開時，輸出才會有反應。（舉個例子，當我們接上兩個無段按鈕的時候，需要按住兩個按鈕，才能讓輸出端動起來。）

運算邏輯 OR 模組：可以同時接起來兩個輸入模組。這樣就表示説，只要其中有一個輸入開啟時，輸出就會動起來。

運算邏輯 NOT 模組：我們可以改變輸入模組的狀態。這樣就表示説，原本輸入是開啟的，會變成關閉；而相反的，原本關閉的會變成打開的。

分配模組：可以同時接上兩個輸出模組。這就表示説，我們可以只用一個輸入，就能夠同時控制兩個輸出。

閥模組：可以藉由轉動閥，來調節大小。

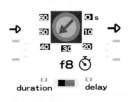

計時模組：可以設定時間，達到持續或是延遲的效果。在計時模組下方的開關可以切換兩個模式，分別是持續（duration）跟（delay），上方的藍色箭頭旋鈕可以設定秒數。這就表示説，當切換到「持續」時，可以讓輸出持續開啟指定的時間；切換到「延遲」時，可以讓輸出延後指定的時間再開啟。

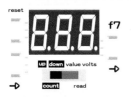

計數模組：可以計算輸入的次數，並同時輸出。

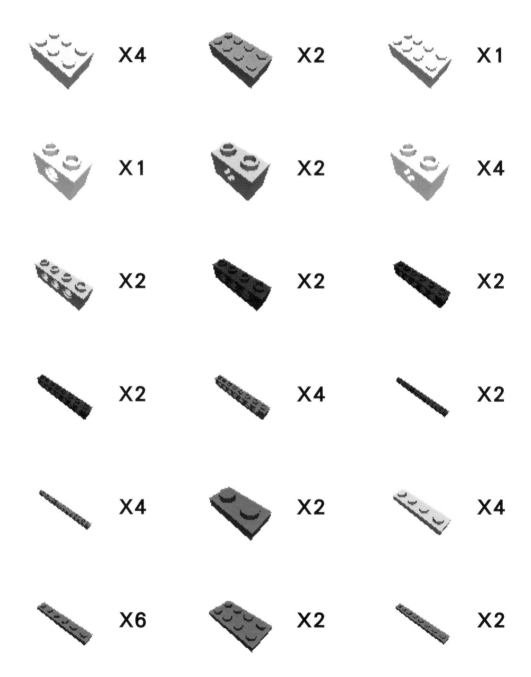

X4   X2   X1

X1   X2   X4

X2   X2   X2

X2   X4   X2

X4   X2   X4

X6   X2   X2

X10

 X1

 X6

 X4

 X12

 X1

 X2

 X1

 X2

 X1

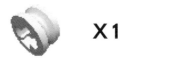 X1

附錄三

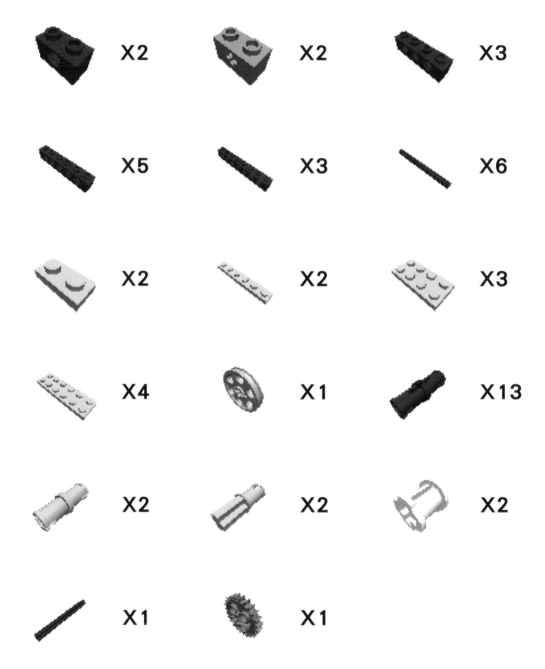

X2　　　X2　　　X3

X5　　　X3　　　X6

X2　　　X2　　　X3

X4　　　X1　　　X13

X2　　　X2　　　X2

X1　　　X1

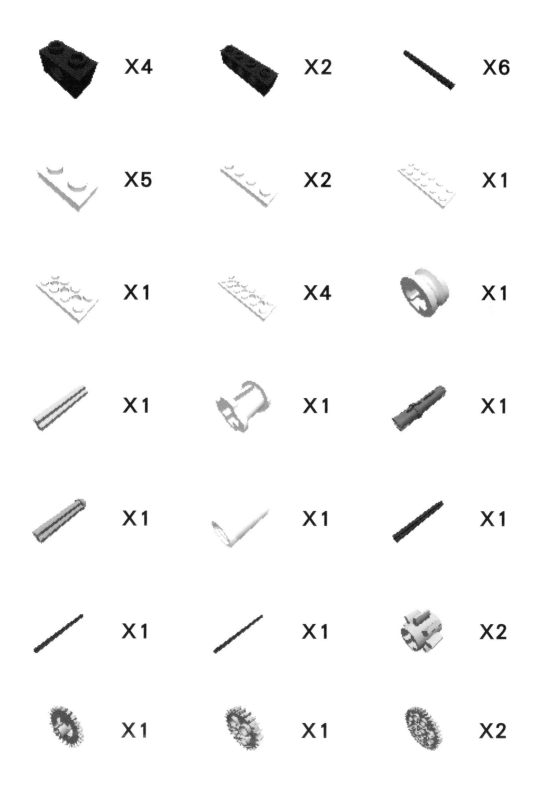

X4

X2

X6

X5

X2

X1

X1

X4

X1

X1

X1

X1

X1

X1

X1

X1

X1

X2

X1

X1

X2

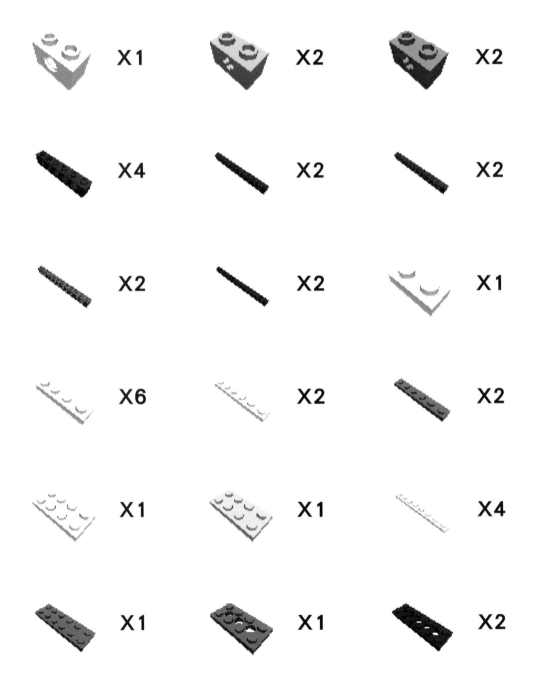

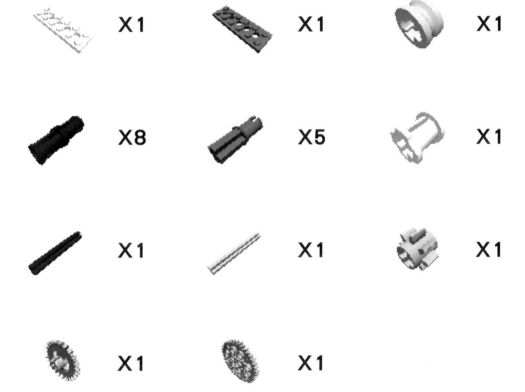

X1　X1　X1

X8　X5　X1

X1　X1　X1

X1　X1

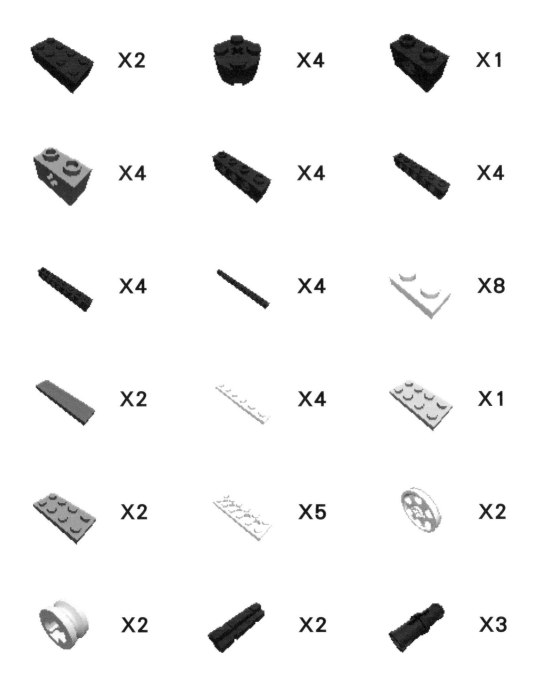

X2   X4   X1

X4   X4   X4

X4   X4   X8

X2   X4   X1

X2   X5   X2

X2   X2   X3

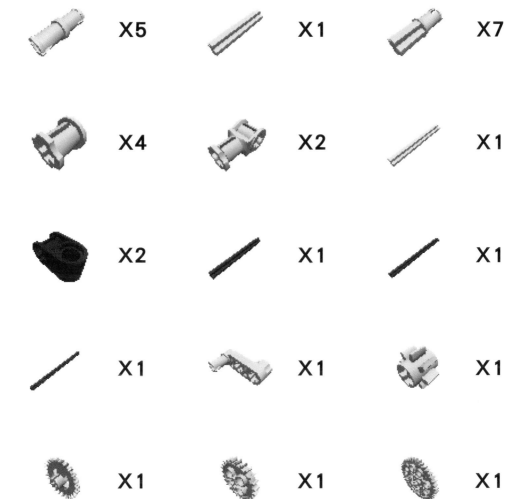

附錄七

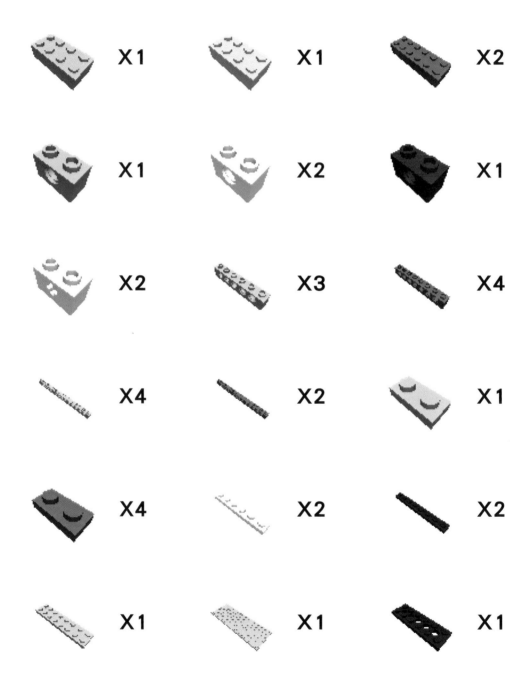

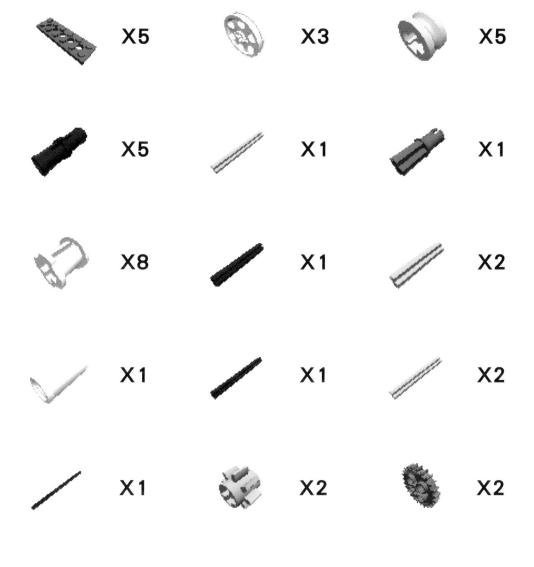

X5　　　X3　　　X5

X5　　　X1　　　X1

X8　　　X1　　　X2

X1　　　X1　　　X2

X1　　　X2　　　X2

X1

附錄八

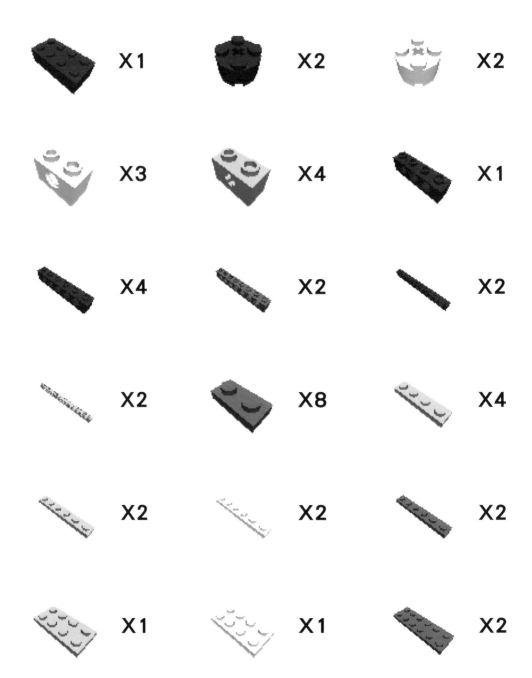

X1 X2 X2

X3 X4 X1

X4 X2 X2

X2 X8 X4

X2 X2 X2

X1 X1 X2

筆記欄

筆記欄

筆記欄

筆記欄

筆記欄

筆記欄

筆記欄

筆記欄

筆記欄

給STEAM的14個酷點子

發 行 人：邱惠如

作　　者：CAVEDU 教育團隊

總 編 輯：曾吉弘

技術總監：徐豐智

執行編輯：郭皇甫

業務經理：鄭建彥

行銷企劃：吳怡婷

美術設計：Shelley

出　　版：翰尼斯企業有限公司

地　　址：臺北市中正區中華路二段165號1樓

電　　話：（02）2306-2900

傳　　真：（02）2306-2911

網　　站：shop.robotkingdom.com.tw

電子回函：https://forms.gle/Dy1PKkLzZrcr1VrA6

總 經 銷：時報文化出版企業股份有限公司

電　　話：（02）2306-6842

地　　址：桃園縣龜山鄉萬壽路二段三五一號

印　　刷：百通科技股份有限公司

■二〇一九年四月初版

■二〇二〇年六月再版

定　　價：480元

I S B N：978-986-93299-5-8

國家圖書館出版品預行編目資料

給STEAM的14個酷點子 / CAVEDU教育團隊
著／-初版.-臺北市： 翰尼斯企業, 2019 04
面；公分

ISBN　978-986-93299-5-8(平裝)

1.科學實驗 2.通俗作品

303.4　　　　　　　　　　108004030